水土林

氣候變遷因應追蹤

水庫、水利　2022.4 石門水庫現勘

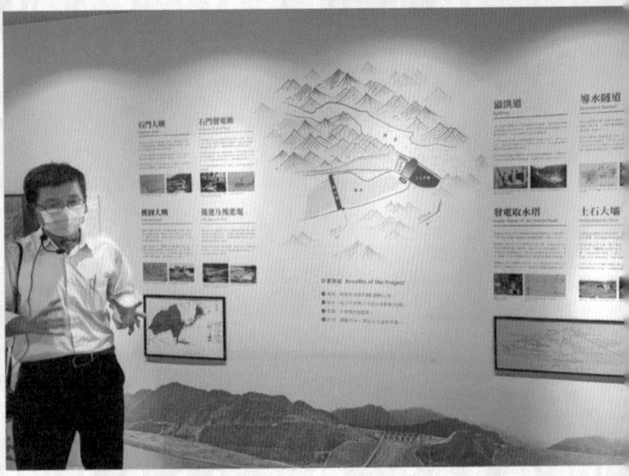

2004 ~ Now

2023.4 台中石岡壩現勘

魚道

2023.4 南投烏嘴潭現勘

中華工程AR勤前教育
烏溪鳥嘴潭人工湖湖區工程計畫
工區緊急撤離路線
安全
第一
危險！

2022.3 雲林有才寮滯洪池現勘

在地滯洪
第一期(614公頃)
工程內容
工程範圍為1-1、1-2、2、3、4、5區
田埂加高20公分、閘門鎖控8座
核定經費
4,100萬元
工程期程
110年7月31日開工
目前進度
已於111年2月25日完工

2022.3 嘉義八掌溪、朴子溪河畔現勘

(110~112年)
水利署執行
營造224公頃
植樹103.5萬株
補助地方政府
總計核定工程
植樹176.8萬株

2022.3 嘉義魚寮現勘

2022.4 南投中寮造林再探

時報 植樹區

下的治理挑戰
許晃雄/
俊榮/於幼華

氣候變遷系列研討會

與環保署、國家災害防救科技中心，
舉辦氣候變遷繪本分享會

前言

余紀忠文教基金會自民國七十九年成立河川保護小組以來，致力於環境變化議題，舉辦不同主題的研討會，建立政府、學者與民間對話的平台，長期追蹤氣候變遷、河川治理、城鄉發展等課題。期望將過去以經濟掛帥為導向，漫無節制的開發，改變為以生態環境為基礎的永續發展，才能因應氣候變遷所帶來的嚴峻考驗。

整合面對

第一步零排放沒退路－氣候變遷治理

中研院人為氣候變遷研究中心執行長許晃雄依據氣候變遷預測不斷提醒，「全球暖化的威脅是現在式，而不是未來式，二〇五〇淨零碳排，不能遲疑」，缺水旱象會更加頻繁，政府須立即正視氣候變遷影響的進行式。我們眼見歐盟提出系列綠色新政，攸關我國碳費訂定。代表碳定價趨勢已不可擋，將盡速修法實施。如果國內收取碳費，廠商就是繳費給台灣而非歐盟，而碳費又可以用於幫助產業投入低碳技術及改善製程設備，未來產品碳含量可再降低，提升國際競爭力。面對國際碳關稅壓力，必須跟上國際減碳腳步，產業轉型並提升國家競爭力。

第二、三步 氣候變遷，零碳賽局：減碳、立法

由於氣候變遷對環境、經濟及社會造成之影響與衝擊日益嚴重，近年全球加速減碳，全球已有多國家宣布二〇五〇年淨零排放（Net Zero）。二〇二一年一月美國拜登總統上任後，隨即發布重返巴黎協定之行政命令，將氣候危機納入美國外交政策與國家安全之中心考量，並且明確宣示在二〇五〇年以前達成淨零排放。

同時行政院、朝野立委提出的《氣候法》修正草案，也在立法院會於二〇二三年一月十日針對部分保留條文逐條審議，採表決方式，歷經行政院、立法院會審查，以及四次黨團協商，終於完成《氣候變遷因應法》三讀程序。正式將國家溫室氣體長期減量目標訂定為二〇五〇年淨零排放、強化氣候治理、成立溫室氣體管理基金專款專用，並明定碳費徵收、繳納及核

算等相關作業，預計二〇二四年向二百八十七家排碳大戶開徵碳費。

第四步 淨零挑戰－產業衝擊與改變

推動長期減量工作，國際各國均動態檢討政策，提出淨零排放減量目標，如歐盟二〇三〇年減量百分之五十五的目標，在二〇二一年就公告七月十四日碳邊界調整機制草案，促使全國貿易伙伴國負擔境內相同的碳成本。淨零挑戰對能源產業、貿易投資都會受影響，面對碳經濟系統的形成，氣候科技的救援與動能是趨勢。二〇二一年工總白皮書也就環境能源就公共政策部門指出能源部應積極轉型，協助企業減排，輔導綠色生產，降低產品碳足跡，消弭與其他國家碳管制的落差，我國尚未建立碳排總量管制、碳交易機制與碳費定價。

第五步 化工產業低碳營運策略探討

身為製造業為基礎的台灣，工業年排碳量達一．二六億噸 CO_{2e}。對於化學產業低碳營運策略中，使用低碳能源、提升製程效率、負碳技術（碳捕捉與再利用技術，CCUS），是各國主要實施淨零碳排採用的策略。為協助化工產業界達到降低排碳目的，提出工業減碳新解決方案，因應減碳議題的挑戰。

第六、七步 森林出發 自然為本找解方 尋共識找初心

在減碳技術上，除了科學方法外，我們強調不要遺忘自然界的得力幫手，透過植物吸收及儲存二氧化碳的「森林碳匯」！它是最便宜且最有貢獻的減碳模式。但由於國家碳匯制度未明，交易平台是否建立也未有定案，要如何深入理解這個，與環境、經濟、永續都有密切相關的問題，需要專家、學者一同釐清，為國家外來理出一條明朗的道路。

一路上關心氣候變遷與減碳各層面議題，從最上位的氣候變遷相關法規研擬至參與追蹤歷程，與水利署的長年伙伴、林務局的老友走訪水土林。與環保署氣候變遷防災中心策劃教育推廣示範。感謝行政院環保署、經濟部水利署、永續循環經濟發展協進會、台灣化學產業協會與國家災害防救中心等夥伴共同努力，也給予我們參與的機會，不論是舉辦研討會或各地城鄉現勘參與教學活動。

永續發展需要有前瞻性的視野，特別是當國際、社會經濟和環境變遷來襲時，更需要各界專家學者攜手合作，梳理政策方向。政府部門不能獨自推動政策，基金會、產業協會、地方團體能與關心相關議題的民眾和水土林結合，齊心協力，皆是永續發展的一員，政策方向必須清楚明確，步驟期程規劃追蹤，挑戰與修正是不斷地。

我們不忘初衷，繼河川環境系列叢書於二〇一九年所推出的《思土思民—跨足國土計畫紀實》，輯結紀錄，整理出版，以供關心相關議題的朋友們參考，其中囊括精華議題包含「碳關稅」、「碳費」、「氣候變遷中央地方整合問題」、「氣候變遷影響的進行式」、「二〇五〇淨零碳排」、「化工產業的低碳營運」、「森林碳匯」等現正面臨的問題，在困境的糾葛中概括地推出本階段與氣候變遷相關的《水土林—氣候變遷因應追蹤》。

讓我們一起攜手守護美麗的環境，為下一代打造更好的未來，投入行動，為永續發展盡一份心力。

序

（前立法委員、余紀忠文教基金會董事）

二〇一五年，曾努力協商《溫室氣體減量及管理法》的減碳目標年，當時工業界和政黨疑慮極大，困難重重；但二〇二三年立法院卻在千呼萬喚中，快速修正通過《氣候變遷因應法》，並將二〇五〇淨零碳排入法，國內外情勢急遽轉變，顯然意識到半個世紀以來科學家警示的氣候變遷問題極可能面臨「大爆發」階段。尤其，在歐盟即將實施「碳邊境調整機制」和今天許多國家紛紛承諾邁向淨零碳排的目標之際，台灣如何落實法律，實現承擔，同時在國際間贏得尊敬與認同，無疑是重要和迫切的挑戰。

《氣候變遷因應法》雖然通過了，政府旋即面臨兩大課題，其一是國家長期減碳目標的實施，包括碳定價、碳費、碳稅、認證、排放交易制度和低碳技術產業的提升等；其二是氣候治理的政府機關權責和夥伴關係的建構，這涉及既有組織中跨部整合，定位與建構環境部，以及氣候公民的培育和參與，在在都與國際趨勢接軌密切相關。

台灣資源有限，挑戰甚多。未來全面展開「風、光、熱、海、氫、匯」時，我們寄望能在緩解氣候變遷的前提下，將能源發展與自然資源保育並重，審慎思考能源布局，無論是國土規劃、技術開發、工程實做、財經配套、產業轉型或法制建立，都能通盤規劃、循序以進、劍及履及，不要紙上談兵。

有鑒於氣候變遷加劇似乎與日俱增，世人開始反思過去所謂「科學解方」之不足，而應利用「自然解方」，以解決日益嚴峻的氣候極端事件。我國二〇五〇年的淨零路徑中，「碳匯」成為十二個關鍵戰略之一。森林碳匯、土壤碳匯和海洋碳匯，逐漸被納為自然解方的熱烈討論。然而，有關碳匯的科學計量、認證方法、機關統合、資訊通路、媒合平台等，尚待建構與發展，也是一條漫漫長路。尤其，現在多依靠國外機構認證，我們勢須扶植自己團隊，加速相關研究與建制。

氣候變遷是全球的問題，也是人道的議題；對抗氣候變遷和追求二〇五〇淨零排放已是全球一致的共識，台灣是全球一份子，無法也不應逃避。由環境倫理的角度，決策者應該納入未來世代利益的衡平考量；我們無法忽視氣候人權，必須採取含括不同族群、產業、地區或世代更包容的思維。而人為因素是現今地球困境的主因，從環境教育的角度，我們也應嚴肅考慮如何改變人的行為，拯救生態環境、減少碳排與永續發展，勢必也要重建新的價值觀。

本書提供了法政、科學、技術、理念、倫理和教育等全方位思考的觀點，相信是台灣紀錄與邁向二〇五〇淨零碳排路徑上一本重要的文獻；我們期待國人共同努力，讓台灣走向國際，為後代留下永續發展的空間與機會。

目次

前言 001
序／邱文彥 006

第一步 零排放沒退路──氣候變遷治理

篇一 因應氣候變遷現況、挑戰／蔡玲儀 019
篇二 上善若水 謙卑萬物／於幼華 023
篇三 氣候變遷壓力下 正向積極的應為與可為／葉俊榮 026
篇四 讓台灣實施轉型 避免陷入褐色經濟／周桂田 033
篇五 炙熱地球的政經壓力 二〇五〇淨零碳排不能遲疑／許晃雄 039
篇六 討論與回應 046

第二步　氣候變遷，零碳賽局-減碳篇

篇一　前國家永續發展委員會執行長的話／葉俊榮　054
篇二　整合、推進立法　減碳零排放追趕中／蔡玲儀　059
篇三　人的行為　影響永續核心價值／劉兆漢　068
篇四　世代公平　給孩子一個未來／林子倫　073
篇五　務實能源轉型　不要紙上談兵／李根政　079

第三步　氣候變遷，立法型塑-立法篇

篇一　二〇五〇減碳入法　刻不容緩／邱文彥　086
篇二　氣候立法　回歸根源／范建得　089
篇三　全面氣候治理　不只為條文而修法／洪申翰　096

篇四　給行政部門壓力 立院盡速排案審查／林奕華　103
篇五　因應全球暖化 應有具體作為／趙家緯　110

第四步　氣候變遷，淨零挑戰-產業篇

篇一　低碳轉型 不能躊躇／黃正忠　118
篇二　產業衝擊來襲 氣候科技救援／葉惠青　121
篇三　巴黎協定—工業地平線 勇於面對 不怕改變／張安平　129
篇四　加速跨部會協調 因應協救產業供應鏈／蔡練生　134
篇五　不只淨零更要「淨負」排放／蕭代基　139
篇六　與談問答　143
篇七　結語　146

第五步　化工產業低碳營運策略機會、挑戰

篇一　低碳製造與碳捕捉利用（CCSU）的現況暨展望／談駿嵩　152

篇二　化學產業減碳技術與二氧化碳再利用／陳哲陽　157

篇三　優油、減碳、潔能三策略「風、光、熱、海、氫儲、匯」全面展開／蔡銘璋　161

篇四　引進國際負碳技術　台塑紮穩基礎步步減碳／曹明　165

篇五　期望政府協助石化業綠電需求　研發高值聚丙烯原料／洪再興　169

篇六　永續目標植入公司策略管理　生產低碳材料／陳偉傑　172

篇七　深植企業永續文化　提供綠色取代減碳方案／陳慶龍　175

篇八　無悔淨零課題　產官學研一同努力／歐嘉瑞　179

篇九　談駿嵩教授的結語　181

第六步　從森林出發　實現低碳世界——尋共識找初心

篇一　永續政策思維　由木造建築落實／林盛豐　188
篇二　減碳從生活做起　沒人能置身事外／莊老達　193
篇三　水水台灣　減碳由工程實做起／賴建信　198
篇四　強化森林經營管理　專案要真正落實／林俊成　204
篇五　發揮民間力量　建立碳權、碳稅、碳交易／蘇煥智　209
篇六　人類摧毀自然運作體系　找回根基拯救人類／楊國禎　214

第七步　從森林出發　實現低碳世界　自然為本找解方

篇一　尋找台灣森林碳匯與碳權之機會／柳婉郁　220
篇二　森林碳匯潛在問題多　監測、報告、驗證是根本／邱祈榮　229

篇三　淨零排放路徑上　台灣林業不停歇／黃群修　235
篇四　光電淺山森林危機　零碳排外　注意生物多樣性／李璟泓　240
篇五　重視氣候正義　建立全民團隊／李桃生、莊老達、柳婉郁、張廣智、邱祈榮、林俊成　244
後記　253

第一步

零排放沒退路

—氣候變遷治理

（研討會紀錄整理 二〇二一年四月十五日）

前言

余紀忠文教基金會

今天探討全球與台灣面臨最嚴峻的課題，就是氣候變遷下的治理挑戰。

基金會與行政院環保署並肩面對這課題，為內在承擔責任、外在國際的挑戰，及國際組織的貿易障礙作準備。

當下二〇五〇年的淨零排放已是很多國家的共識，而我們台灣的溫室氣體減量還訂在二〇五〇年排放量降為五〇％以下，已不符合國際新零碳排標準。

這兩天水資源已開始亮紅燈，旱象還在持續發生，不知道未來還會遇到多少氣候變遷的壓力。我們的生態系統此刻正受到嚴重危機。

面對氣候變遷壓力不只五缺，最重要缺少的是缺組織架構、缺決心。

沈志修
（環境保護署副署長）

”環保署團隊願意去檢討淨零碳排的時間、路徑，這是台灣作為地球村的一員需要負起的責任。“

台灣正處於氣候變遷的影響當中，去年到現在沒有颱風經過台灣，我們正經歷缺水的旱象，這是五十年來最嚴重的情況，去年全球因為疫情的影響使我們的生活型態也受到改變，這是氣候變遷下需要重視的調適機制，行政院也啟動行動方案，現有十六個部會協力執行。

此刻我們希望聆聽吸取專家意見，特別是環保署正進行修溫室氣體減量管理法，這法令要往氣候變遷因應的角度思考，所以除減碳之外，調適也非常重要。

期待未來有所謂的負碳技術（如：生物能源與碳捕獲和儲存）或一些科技的研發能夠彌補這排放的缺口。

台灣的碳排放大概佔全球的〇．五％，大約是二．六億噸二氧化碳，最近這兩年已慢慢下降，但面對未來尚需大家一起努力，環保署團隊願意去檢討淨零碳排的時間、路徑，這是台灣作為地球村的一員需要負起的責任。

篇一　因應氣候變遷現況、挑戰

蔡玲儀

（環境衛生及毒物管理處處長、環保署氣候變遷辦公室主任）

”環保署與產業界溝通，希藉由收費建構碳定價，使台灣在國內進展對產業收取專款專用於發展產業的低碳技術，才有辦法接續做排放交易，更可透過國際合作機制加速減量工作。“

不積極減碳 碳排量會繼續增加

在今年初 WEF 世界經濟論壇的全球風險報告明確指出，在七項的全球風險中有四項是與氣候變遷相關，在最近的五年氣候行動失敗，已成為影響程度躍居第一的風險因子。近五年極端氣候是發生率最高的風險，去年全球雖然經歷新冠肺炎，依照估算全球的碳排放會下降，國際報告亦表示會減七%，但在各項的預測裡在疫苗開打後、復甦後，如不積極減碳，碳排量很可能會繼續增加。

把握中央地方減碳行動進度

《溫室氣體減量管理法》在二〇一五年巴黎協定當年通過，關於國家減量目標，各界花了很多心討論，是二〇五〇年要根據基準年二〇〇五年排放量要降五〇%以下，我國是全球少數把國家的長期減量目標訂在法律裡，展現台灣對溫室氣體減量的決心。並在溫室氣體減量管理法下，對於有關的推動工作包含要訂定國家因應氣候變遷行動綱領，以五年為一期的階段管制目標，接下來有減量推動方案。減量推動方案是由環保署擬定後，報由行政院核定，有六大部門的行動方案，包含能源、製造、運輸、住商、農業、環境六個部門一起推動減量。然後，地方政府依照推動方案根據各部門的行動方案，訂定每個直轄市之執行方案，進行減量工作。

排碳議程 影響產業競爭力

台灣碳排放的表現與亞洲鄰近國家相比並未落後，但也面臨 Race to Zero —二〇五〇淨零排放的挑戰，尤其去年二〇二〇年有很大的進展。又於中國在去年九月宣布在二〇六〇年達碳中和，日本、韓國、美國宣布二〇五〇要淨零排放，聯合國秘書長更清楚指出，希望全球參與淨零排放目前參與倡議國家（一三〇國）佔全球排碳總量六五%，希望在今年年底 COP26 會議前能提高到九〇%以上。

在經濟貿易上，歐盟規劃採取碳邊境調整機制（Carbon Border Adjustment Mechanism，CBAM），其實這機制在二〇〇八年就曾提出，觀察知歐盟這次是玩真的。歐盟二〇二〇年開始進行公眾諮詢，很明白的宣布會在六月發布規範草案，甚至於今年三月歐洲議會通過，謂與 WTO 沒有牴觸，已經開始進行規範工作，預計二〇二三年實施。

美國拜登總統上任後也可能實施就碳密集型產品實施碳關稅或配額，日本也宣布了二〇五〇年碳中和目標。台灣是以貿易出口的國家，當歐盟、美國、日本在我國貿易出口佔三〇%以上時，台灣產業如不積極加速減碳，甚至在國內沒有推碳定價，對我國今後產業的競爭力會受到的影響很大。

淨零排碳需政府部門整合腳步

環保署現面臨兩大挑戰：即是國家長期減碳目標與氣候治理的政府機關權責。在氣候治理中需要國家整體面對氣候變遷挑戰時刻，不論是減緩、調適，都需要政府部門整合，期待行政院有氣候變遷因應會報，加強各部會的統合功能。

另外是碳定價調整機制，按照目前的法律架構，有一些無法短期推動的是現有的排放交易制度，環保署與產業界溝通，希藉由收費建構碳定價，使台灣在國內進展對產業收取專款專用於發展產業的低碳技術，才有辦法接續做排放交易，更可透過國際合作機制加速減量工作。當然是把氣候變遷的調適訂定到法律層級，讓運作健全、完整。

篇二　上善若水　謙卑萬物

於幼華

（臺灣大學環境工程研究所名譽教授）

”上善若水是包含水的謙卑性，水往下處流可是它提供所有萬物資源與生命，我們要全球看見的不是台灣到經濟發展，而是我們要全球看見台灣究竟怎麼愛護這個寶島，過去的幾十年也許太短視、太急功近利。“

景觀救國 我國唯一生路

近日旱象，針對台灣的水問題，像中南部來的聽眾大概很有感觸，而我們住在台北因為很幸運有翡翠水庫的呵護，台北、新北都沒有缺水的感覺。依我個人的預測到二〇六〇年翡翠水庫，作好水源保護仍可以提供乾淨充足的水源，至於中南部缺水的現象該怎麼辦？我們要探討的是中南部缺水、水髒的現象到底該怎麼辦？

我們工業用水的單位能不能配合，是不是一定要半導體的工業大廠來做，這個問題其實五、六十年前的台灣就應該討論，台灣究竟是否應該走工業救國的老路，抑或台灣應該像現在一樣走景觀救國、資源救國的路，把台灣造就成為東方瑞士？

可是這個工作簡單嗎？我們需要做四十至五十年才能有規劃的譜，把台灣往另外一條路上走。在座的年輕聽眾，台灣如果繼續走工業發展的老路，我個人的判斷是沒有前途的也沒有競爭力，如果台灣能夠走景觀規劃、資源珍惜的治國路線，才是唯一的生路所在。

涵養萬物 心存生態用水概念

台灣的水問題有水太多、水不足、水太髒。髒其實也是一種醜陋，那用水的分配，過去一直沒有把生態用水當作重點，因為農業是真正生態用水尊重自然財的用法，至於工業用水是每單位的水究竟能夠產生多少 GDP 的唯一衡量的標準，這是我從頭反對台灣繼續推展工業的原因。那我們真正的用水核心理念是什麼，就是環境保育，像節約用水就是一種核心理念。我們用的水到底合不合生態的原則，我覺得務實之道只有把每一滴的水用的好、用的對，好並不是說賺錢，而是對環境有利，以環境保育的核心理念。

生態用水是無所謂太多、不足或太髒，只要是一個自然環境提供的水就能涵養萬物，這是生態用水的基本概念，那老子說的，上善若水是包含水的謙卑性，水往下處流可是它提供所有萬物資源與生命。我們要全球看見的不是台灣到經濟發展，而是我們要全球看見台灣究竟怎麼愛護這個寶島，過去的幾十年也許太短視、太急功近利。另外，會前我特別向翡翠水庫管理的謝局長去電專訪，他表示一個水庫的安全看的是平常的環境保育，翡翠水庫它的前身是北勢溪，攔翡翠水庫之前它就是跟南勢溪一樣水量豐富的溪流，按照謝局長的看法，我們至少翡翠水庫還有五十年到六十年是安全無虞的。**工程背景出身，政經複雜非我所長，期許諸君飲水思源。**

篇三

氣候變遷壓力下
正向積極的應為與可為

葉俊榮
（臺灣大學講座教授、前國家永續發展委員會執行長）

”

推動氣候變遷為台灣整體長期利益，必須做出改變。不推延逃避，全民必需給政府這樣的訊息，而政府也須公開說不會逃避，提升能源使用效率為核心，以需求導向的能源政策提升產業轉型，告別高能源依賴，積極的經濟政策必須在積極的氣候政策上，不論中央地方，民間社會。

“

面對氣候變遷不能裝死

台灣有絕佳的理由對氣候變遷問題裝死，因氣候變遷是全球問題，而聯合國在處理，國際上都不承認我們政治的參與。談減量或排放有時把台灣算到中國那邊，憑什麼要我們減碳？又有多少人真正相信政府努力。二〇五〇年要比二〇一五年的基準減五〇%，這基準究竟是否每年認真在做，許多人一定都不相信，雖然亦有計畫、偶爾也能真是有成效的因應政策。

正向應對 擺脫負面思考

氣候變遷的議題在台灣從來不被認為是正向的議題，嚴格來說企業也不會把氣候變遷議題當作正面對待。聚焦台灣應該怎麼做，或台灣立即能怎麼樣？推動多年，今天機會來了，必須轉變正向積極。正向的意思是要擺脫氣候變遷的負面思考積極行動，我們政府非常會拖延，回顧二〇一五年難得訂了《溫減法》，最後是範圍很窄、決心很低。怎麼樣才能不當成負面議題、擺脫拖延心態？這需要大結構的重新體會、改變，尤其做到政府跟民間的對話。

環境法規完整 欠缺執行力

在溫室氣體的排放上台灣的排放量佔全球不到百分之一，但台灣正遭受異常氣候造成的問題，可能會更嚴重。

台灣是氣候變遷加害人也是被害人，一路走來環境法律從無到有，台灣環境法的規模在世界算是強的，即便是《環境教育法》、《室內空氣品質管理法》、《濕地保育法》也有立法，所以問題不在法律，問題在執行。

從任何角度看環境法的制度皆非常完整，但支撐這些施政、行動基礎確有所欠缺，國際上經常討論基於內部力量或國際壓力，比如說泰國、菲律賓、馬來西亞很多國家發展的過程重視環境，究竟是國際壓力，還是自身的環境意識？

過去我對環境議題的研究，認為台灣環境意識不是國際壓力，**國際組織很少要台灣環境必須做什麼，是台灣的民主化、社會力、環境意識提升逐漸促成的榮景，這榮景有一段跨黨派立委共同為環境立法的努力，當時不管政黨的取向，民間、學者與這些委員合作，促成過往的重視環境保護走向。**

作氣候變遷示範晉升國際 以「民主基礎」支撐

氣候變遷是全球的問題，台灣是全球一份子，全球處理的態度很多種，最典型的就是倡議全球倫理，但全球倫理要怎麼延伸成執行？

過去到現在很多國家推動氣候變遷，還是考量對自己國家有利，比如法國的核電、英國的重回金融重心，都是巨大的動力。這思考是氣候變遷的課題要有國家立場，不要規避國家利益的現實，應試想氣候變遷的推動對台灣有利，因應氣候變遷愛台灣有理論依據，我主張的依據就是扎實的「民主基礎」。決心建立因應的制度量能架構、強化國家競爭力。能源政策、產業政策、科技政策、社會政策要同步調整。

目前做的比較好的，在亞洲是韓國、在歐洲是英國，兩國比較願意將氣候變遷因素連結到經濟，進一步作國際行銷。憑藉台灣的過往的表現與成就，改變世界的邏輯陳見，台灣不算大但有實力，制度上民主化、技術上有能力、有潛力，有非常好的海島環境。從這個角度台灣可創造因應氣候變遷的示範令國際看見，從來沒有這麼好的議題讓台灣直接國際化，達到與國際衔接，彌補國際參與的不足。

氣候變遷充滿機會 將危機導向利基

推動氣候變遷為台灣整體長期利益，必須做出改變。不推延逃避，全民必需給政府這樣的訊息，而政府也須公開說不會逃避，提升能源使用效率為核心，以需求導向的能源政策提升產業轉型，告別高能源依賴，積極的經濟政策必須在積極的氣候政策上，不論中央地方，民間社會。配合產業結構的轉型，氣候變遷充滿機會，必須將危機導向利基，從提升整體國家的競爭力角度。

不能因為環境倫理，就說氣候變遷不用經濟的角度看，氣候變遷絕對是經濟、民主議題，不要因為不喜歡政治上的紛擾，就強說氣候變遷跟政治脫鉤。台灣的產業不應僅只有「護國神山」，雖珍惜得來不易，然配合氣候變遷趨勢孕育「護國群山」的年輕一代，以接軌國際責無旁貸。

公眾議題應務實 使政治人物表態

面臨地方政府、一般公民的實踐如何連接，談選舉不是把議題政治化，應務實。民主社會的公眾議題、外部性的議題，公眾性特別強，如不利用選舉表達公民的意見，有何機會？我認為任何包括九合一選舉，如果當市長想要連任，過去對氣候變遷的態度與改進的成效，當然要問？如果自認關心這議題，但是碰到最關鍵時刻卻缺席，不能盡責盡力，就作罷！這是政治責任應有的重要觀念。

他山之石的借鏡

二〇〇六年英國善用他在世界銀行非常受到尊敬的專家史登，寫出的史登報告到全世界發表，裡面有一句話是「Climate change is the greatest and widest-ranging market failure ever seen, and that a timely action in combating climate change is cost-effective.」他是人類面臨最大最廣的市場失靈，你如果積極的去做 GDP 的損失不會那麼高，而且甚至有機會重新去創造新的，這是史登的報告。他跟 IPCC 的科學報告是兩隻腳，因為這兩隻腳氣候變遷才可能防禦化、成為重要的機制。

另外一個問題這是我們台灣特別要注意的，史密斯與薛曼在二〇〇七年提出非常擾人的看法，他觀察美國的民主化，政黨要競爭，政治人物要討好企業、能源業者，所以永遠做不出好的政策，所以他認為太民主不好。他提出「An authoritarian form of government governed not by power-seeking politician but by experts is desirable.」他認為專家政治，這樣的思考確實對於軟性威權的國家覺得稱興，就是像看到中央強力主導，但是事實上很多事情仍是無法執行。

篇四

讓台灣實施轉型避免陷入褐色經濟

周桂田

（臺灣大學風險社會政策研究中心主任）

”當世界走向低碳經濟、低碳社會的路上，台灣仍然陷入在褐色經濟的泥沼中辯論五缺議題，並且，不可諱言還有核電的爭議，我覺得大戰略上不要只思考台灣要不要使用核電，而是思考發展取向裡，到底是要繼續原有發展路線與否，我們必須重新思量未來的發展藍圖以並確立清晰的執行路徑。“

褐色經濟 影響整體社會與產業轉型

總體思考我們自身與鄰近國家，處於東亞高碳社會，我著重談的是褐色經濟的架構，其中強調的是我國低能源價格造成產業缺乏研發創新的模式、喪失高質化的產品競爭力、陷於微利製造模式。從一九九〇到二〇一八年全台灣的排放從一．一億噸到二．七億噸，工業排碳約佔五〇％以上，工業排碳中石化業的排碳佔最大比例，所以談氣候政策的基礎是產業要轉型，但產業轉型會牽動政治、經濟，壓力非常大。

要談氣候轉型牽扯公正轉型，一定要談得非常細部的，歐盟已在十年前開始盤點，歐洲如果要針對四大產業；包括石化、鋼鐵、運輸、水泥，已經規劃該如何轉型，轉型是需要歷經一定時間期程。應在這個架構下，重新如何思考台灣的問題。

轉型困難 低薪 低價能源缺乏創新

統計台灣在一九九〇年到二〇一六年，我們的褐色經濟就是「低水價」、「低電價」、「低勞工成本」和「碳密集產業」，工業電價二〇〇六年家戶電價全球最低，二〇一五年每度〇．

〇九二美元，排名全球第十三低。水價二〇〇六年也是最低的，然後二〇一五年家戶用水排名全球第十低，而勞動薪資在公開資料的工業國家排名第七低。這樣的能源成本與科技經濟發展形成的褐色經濟複合體，造成台灣現在轉型非常棘手。

二〇一八年台灣平均每人電力使用量，卻在這國家行列中排名第二，只略低於美國。從臺大風險中心及各單位的長期民調，台灣的民眾其實還滿支持一定程度的水價、電價的調整。什麼是能源使用的核心理念？如還以這樣的計價，說需要漲電價，背後影響到的是整個社會轉型、產業轉型，及整體競爭力。

整體發展立即改變 不只能源價格

當面對國際競爭，二〇二五年台灣將進入超高齡社會，我們必須要引進高階的人才或必須有清晰的能源政策。我一直覺得五缺是很浮面的議題，我們便宜的水價、電價、勞動薪資形成這種產業的訴求，但卻是建立在長期犧牲環境與社會公平的狀態上，反過來變成表相上的匱乏。試問，什麼事情上台灣可以引領世界？高階人才在這樣的薪資價格上會到首爾、東京、或是來台北？所以整個社會要改變的不是表相上的五缺，而是牽涉到整體社會經濟躍升的能源價格、勞動薪資等社會與環境永續與公平，才可能邁向全球第四次工業革命的競爭格局。疫情上我們表現非常好，在氣候的議題上也可以表現好的時刻，台灣應有戰略思維掌握國際舞台。

如果台灣的國際形象依舊，可以想像台灣品牌會是什麼？這是台灣轉型很大的危機，過去二十年來每年不到一百億的投資，如今已到達三兆三千億，根據媒體的報導甚至已經達到四兆。台灣在這樣的過程中如何從過去低毛利、低價競爭、快速學習的代工模式，轉型到具有前瞻跟研發動力的社會？如果不立即改變，仍以遲滯、隱匿、忽視風險態度對待，長期下來就看到今天呈現的問題！

重新思量發展藍圖戰略

當世界走向低碳經濟、低碳社會的路上，台灣仍然陷入在褐色經濟的泥沼中辯論五缺議題，並且，不可諱言還有核電的爭議，我覺得大戰略上不要只思考台灣要不要使用核電，而是思考發展取向裡，到底是要繼續原有發展路線與否，我們必須重新思量未來的發展藍圖並確立清晰的執行路徑。

二〇二〇年我寫「台灣面臨的系統風險跟世代矛盾」，經濟世代矛盾不但高度鑲嵌台灣社會發展脈絡中，也愈來愈與全球的發展背道而馳。面臨這多問題，人才是不會樂意來的，因我們各種社會、環境發展已經差他人一截。國際上氣候經濟新典範已促使新的經濟體、社會體發生。全球都步向這路徑，而且速度越來越快；歐盟、韓國、日本、美國、中國都已經宣布二〇五〇年或二〇六〇年碳中和，台灣的能源轉型遲延全球二十年，又陷入在舊思維的社會發展辯論中，是社會轉型的危機。

未察覺世界轉型速度 政府改革太慢

舊的褐色經濟思維體系裡做治理改革，當然速度一定非常慢。我必須要批判；去年從行政院協調的工業部門排碳佔全台五二%，而現規劃的二〇二五年工業減碳僅只〇．二二%，**這是個非常荒謬的決定，根本跟世界的發展背離。我們應該要全盤的審視與回歸能源使用的核心標的，與國家發展的總體目標。重新梳理當然沒有那麼容易，要細密的做。**

另外，《氣候變遷因應法》草案減碳比例與二〇一五年《溫管法》相同，僅只將二〇五〇年碳排維持降至基準年五〇%以下！這樣的草案是無法上國際檯面的，相信蔡總統會在最近宣示台灣未來要怎麼走向碳中和。我去年底發表文章，認為如要擬定綠色新政（Green New

Deal），政府應儘速進行科學評估、進行去碳路徑與情境評估，進行社會經濟轉型與衝擊評估，進行治理盤點與社會溝通。**台灣在氣候變遷上還可做大逆轉，十年足夠扭轉，當我們還陷入褐色經濟的本體論時，沒察覺世界已進行全盤轉型，應立即檢討，對發展前景做真正的前瞻。**

減碳除內部管制 外部也應審視國際壓力

環保署現目前規劃「碳費」，需要審視國際上碳稅費的施行水準，是否能真正達到我國產業與各部門抑制碳排放的目的。而財政部遲遲未根據行政院核定的能源轉型白皮書，提出能源稅方案，更蹉跎了台灣氣候與能源轉型的進程。

除碳稅跟碳費，台灣產業界還可加入數位化製造與節能，例如參與工業局智慧機械推動的相關計畫，可藉由智慧機械或是數位引導，在研發面上強化能源效率、節能與多元、彈性的生產線與產品佈局。

外部的面向是業者本身要審視國際的變遷，不得忽視，如：全世界前幾大的鋼鐵業盧森堡安賽樂米塔爾、日本製鐵、南韓浦項鋼鐵已經宣布二〇五〇年碳中和，這已是一種國際趨勢與壓力，台灣的產業要加快腳步。

篇五

炙熱地球的政經壓力
二〇五〇淨零碳排不能遲疑

許晃雄
（中研院人為氣候變遷專題研究中心執行長）

”過去每年平均二十天的熱浪，到世紀末每年有一百零一天，不要認為到時我們都不在了，試想子孫的日子！豪雨日的推估，全台灣豪雨日（>200mm）的天數會越來越多，世紀末碳排放越多就越嚴重，過去三十年已觀測到台灣平均降雨強度上升趨勢。“

將負面看法翻轉 全球暖化視為翻身機會

聯合國 IPCC 報告提醒我們溫室氣體排放對我們造成全球暖化衝擊越來越大，這是一個負面的看法，當你將負面看法翻轉來看升溫一．五℃、二℃，會發現這不是一個預報，只是一個可能的情境，同時也告訴我們如果減排越快，溫室氣體累積越少，溫度上升越少！這是鼓勵而非限制，告訴我們有個相對光明的願景。我們距離一．五℃只有〇．四℃的空間，告訴我們當排放量越多對全球的各種生態、環境、農產品包括經濟衝擊越大，所以一．五℃是努力的目標。從這個角度來看一．五℃或許是人類翻身的機會，讓我們還有能力還足以應付。

正面思考：減排越快，溫室氣體累積越少，溫度上升越少！

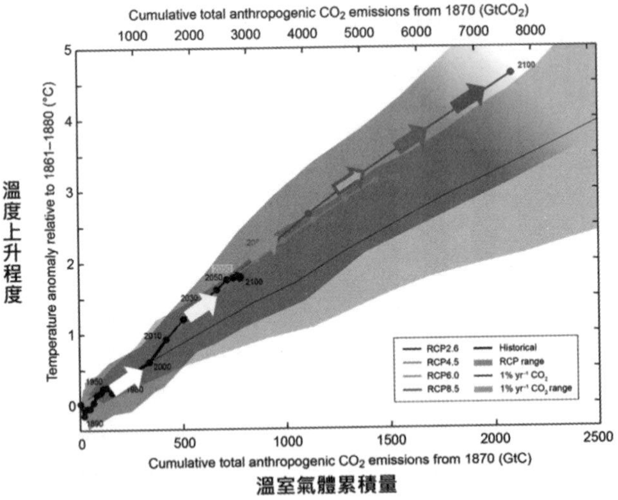

資料來源：IPCC SR15

熱浪豪雨天數改變 嚴重影響下一代生存

據統計二〇二〇年台北市最高溫超過三五℃日數八十六天，長達三個月，破二〇一六年七十七天紀錄，持續到世紀末台灣未來超過高溫的標準總共一百五十天。過去每年平均二十天的熱浪，到世紀末每年有一〇一天，不要認為到時我們都不在了，試想子孫的日子！豪雨日的推估，全台灣豪雨日（>二〇〇mm）的天數會越來越多，世紀末碳排放越多就越嚴重，過去三十年已觀測到台灣平均降雨強度上升趨勢。雨較強卻不見得多，尤其連續不降雨天數變長，表示乾旱的機率變大，台灣過去五六十年來最明顯的氣候變遷，就是全台各地的降雨天數明顯下降，這趨勢可能會持續。

西北颱風減少四〇% 乾旱除影響水亦使空汙更嚴重

計算到世紀末，西北颱風會明顯減少四〇%，因此侵台的颱風也減少，目前颱風貢獻的年雨量約四〇%，以後會顯著減少，可是颱風一來會變得較強，降雨強度會明顯增加，尤其是西海岸。颱風少但雨量多，降雨越來越不均勻，對淹水災害有明顯的衝擊。下雨天數減少會造成乾旱，從去年到今年的狀況是五十幾年來碰到雨量最少的一年，沒有颱風侵襲台灣的一年，這告訴一個的訊息，春雨漸漸減少加上沒颱風所遭遇目前的情境。這乾旱顯示空氣很穩定，空氣污染物不易擴散，所以**如果我們再啟動火力發電，是否會讓空氣汙染更嚴重？這也是我們需要關注的議題。**

氣候變遷已示警五十年 應盡速警覺因應

將新冠肺炎跟氣候變遷試做比擬，疫情早就警覺，一月開始覺得有問題，開啟管制措施，二月惡化全球還無感，三月驚覺已大爆發了。至今疫苗接種雖開始改善，但日本疫情還是再次升溫。新冠疫情或許可逆的，但氣候變遷這五十年前科學家就開始警示，預警期其實早過了，一九七〇到二〇一年不斷加劇，曾是嚴重的預警期，二〇一〇後溫度上升更劇烈，很多人的看法二〇一〇到二〇三〇年是快速惡化期；所以我們面臨的不是只有國際政經壓力，實質上是全球氣候變遷、暖化的人類衝擊，會越來越加速，至二〇三〇到二〇五〇年錯過驚覺期，或未及時採取措施盡量減排達到淨零碳排的話，接下來就是大爆發，氣候變遷爆發要恢復是不太可能的。

除本土氣候變遷衝擊 亦須面對國際

台灣面臨的不只是本土氣候變遷的衝擊，還有國際的思潮、經濟壓力這幾年也是非常龐大的，淨零碳排不管中國、日本、韓國、英國早就宣示，美國跟加拿大在今年二月也提出淨零碳排的宣示。美國國家科學院會舉辦諾貝爾獎氣候會議，提出趕快行動，還有可能在二〇二〇到二〇三〇年作為轉捩點。當諾貝爾獎得主一起宣示，台灣會受到更大的壓力，學術界的壓力一定會擴及政府，衝擊政治、經濟。

我國需要《氣候變遷法》整合資源立即行動

台灣的行動，目前是二〇五〇的排放是二〇〇五年的一半（五〇％），其實照淨零碳排的目標，應該更急速下降的，要達到原本的目標已經很辛苦。現在國際組織的壓力、或國際學術的政治，尤其制裁下的經濟壓力的挑戰就更加劇烈。

過去幾年中研院學者建議書——「台灣深度減碳政策建議書」已兩年，雖一年多沒有回應，今年初開始有反應，這是好跡象。建議三大方向：第一，立即「啟動台灣深度減碳途徑」

的規劃，首在規劃的途徑要做到。第二，「多元利害相關人對話平台及公眾審議程序」，這個需求是全民共識。再就是三，很重要。需要推動《氣候變遷法》案。

有法源當災害發生全國就可從上到下總動員，且指揮可以調動，所有的經費、需求、人力。只因為現在能源的問題，還有調適行動、社會正義、生態保育非常多問題，還有雖然我們的科學研究做得不錯但還不夠。面對氣候變遷我們做得太慢、太少、太淺，必須在各個層面加深、加速、加廣。

如果沒有衝擊的認知又如何調適？我們地方政府、部會有能力做調適嗎？因為基本的知識、資料不足，研究體系要健

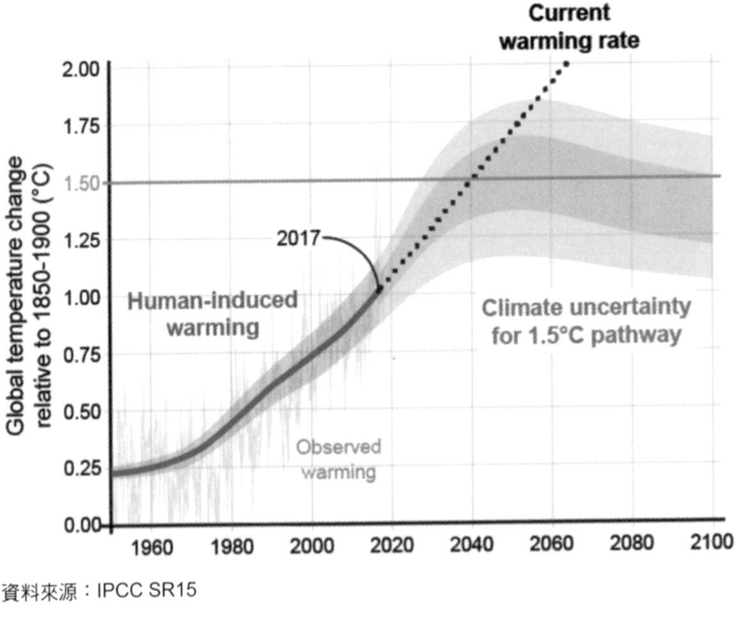

資料來源：IPCC SR15

全，其他步驟才能做的好，台灣需要迅速採取行動。最重要的是有大戰略觀點，然後立即於短期內設計非常有效的戰術。

以目前的趨勢，二〇三〇~二〇五二年會升溫至一．五℃，全球暖化的威脅是現在式！不是未來式。

篇六　討論與回應

Q：民國一〇四年七月一日公佈之《溫室氣體減量及管理法》第四條明定：「國家溫室氣體長期減量目標為中華民國一三九年溫室氣體排放量降為中華民國九十四年溫室氣體排放量五〇％以下。前項目標，中央主管機關應會商中央目的事業主管機關，參酌聯合國氣候變化綱要公約與其協議或相關國際公約決議事項及國內情勢變化，適時調整該目標，送行政院核定，並定期檢討之。」而目前環保署啟動《溫室氣體減量及管理法》修法，並順應國際加速減碳力道，更名為《氣候變遷因應法》，其中減量對策是否有對應《溫室氣體減量及管理法》第四條之氣體排放量？另今國際趨勢已非二〇五〇年之五〇％以下，組織及標準該如何回應與改變？後續又如何定期檢討？

A：**環保署**

現在面臨全球二〇五〇年「淨零排放」也正啟動《溫管法》的修法，原來的目標二〇五〇年之五〇%必須做積極的檢討，配合行政院的路徑評估的作業，這個是長期減量目標，當然這個過程就如同其他國家，淨零排放必須是整個結構，包括社會經濟去做翻轉與討論，與大家的對話是必要的，這個持續在進行。

各部門去提出包括我們的住商、運輸都可能是在用電增加的面向下，確實是我們現在最大的挑戰，所以當面對二〇二〇年到二〇三〇年這未來十年，我們要加速的不是只有在能源面向的討論，而是從各個部門包含住商、運輸，如何轉換、能源使用效率，對碳排放的認識體驗去做翻轉的檢討。接下來的工作按照目前的組織還是由行政院能源減碳辦公室要繼續召集環保署與各主責部會，大家進一步去檢視我們到二〇三〇年的目標。

Q：氣候變遷的議題涉及多個領域，因應氣候變遷的減碳與調適作為上也須跨領域的合作，並有利害關係人的參與，才能達到效果，但跨領域合作的機制與成效目前明顯不足，請問專家們對於跨領域的溝通協調與合作機制以及利害關係人，可以如何參與減碳與有關機關調適作為的看法與建議為？

A：**葉俊榮教授**

今天的討論我最想講的是：第一，現在要從新立法的《氣候變遷法》，最好是玩真的。

如環保署要行動，行政部門要動、立法院也有一些人在動，不論個人還是黨團支持，若其他政黨不願一起討論，是否願意花力氣結合大家討論，要做到絕對不是只有一黨操作，或只是個人期待、或只有環保單位努力。這是政策前行的指標，公民要監督、支持的方向，溫減法的格局要從新討論的起步。

第二，法律以外的核心內容，要表現台灣對議題的決心，面對新的局面有大局面跟小局面，拜登政府上台後對氣候變遷的議題態度的改變，國際壓力將至，台灣要繼續置外於國際？今天政府有什麼想法？宣示目標、路徑，再來就是決心，如何跟社會各界，不同的政黨，共同願意承擔。若不是為選舉的操作，這不管未來誰贏、誰輸，台灣就是要在這當中創造出不敗之地，沒有退路下能夠往前走，打造有決心、有積極、有視野的台灣社會。最近的國際社會紛擾不斷，終結氣候變遷議題隨時可能變得非常大而緊要，能夠早一點有大方向也能讓台灣社會共同團結。

結語

余紀忠文教基金會

一、氣候變遷已不能倒退，永續發展的觀念與社群的自主意識並未停滯，促進節能減碳、發展再生能源，已成為世界各國積極努力的方向。對應聯合國 SDGs 的目標，多國宣示在二〇五〇年前達成零排放。加速跟上國際的標準，展開在地行動，成為世界氣候行動公民一員。

二、低碳化、數位化、去中心化，全民參與的共識，政府治理應思考在既有的組織之中跨步整合，建構組織定位、功能，環境資源部的重要應提前列入考慮，以符合我國接軌國際發展趨勢。

三、民間與學術界積極監督及參與，重視氣候變遷施政的重要性、國家發展的長遠性，須立即以制度化的建置、整合目前階段裡的任務編組，且有步驟地期程追蹤。**期待政府能積極兌現總統二〇五〇淨零轉型承諾，跟進美國總統拜登於 422 世界地球日氣候峰會上宣示的減碳計畫，**關心這議題的媒體永不放棄。無論長幼、男女團聚向上的台灣的發展精神，面對氣候變遷、國土、生活的環境，知道愛惜自然財、尊重萬物。

第二步

氣候變遷，零碳賽局

減碳篇

（研討會紀錄整理 二〇二一年九月二十八日）

前言

余紀忠文教基金會

全球暖化的威脅是現在式，已不是未來式COP26在即。

二〇五〇淨零碳排，不能遲疑。在不確定的年代、在動亂的全球競爭下，很多人不知道該做些什麼？今天，我們明確的知道，為這片土地，為下一代，為面對氣候變遷，應該要同心合力。

決心向前的國家組織，認真推動的環保署同仁，長期投入的前輩、朋友們，在目標確立、能力建構、步驟規劃、立法減碳、企業要求中對話。

這樣的工作精神與團隊需要代代傳承，拯救地球、節能減碳不能等待。

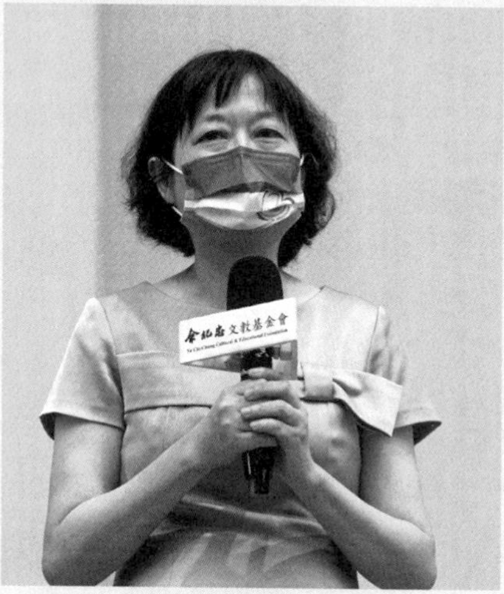

蔡玲儀

（環境衛生及毒物管理處處長、環保署氣候變遷辦公室主任）

”環保署的重點工作是有關溫室氣體減量及管理法的修法，在追趕著急的過程中怎樣把減碳化為行動，需要不僅是政府、事業、民間，大家要一起來。“

篇一　前國家永續發展委員會執行長的話

葉俊榮

（臺灣大學教授、余紀忠文教基金會董事、前國家永續發展委員會執行長）

”

氣候變遷立法反映的是一個國家他在氣候變遷議題這個面向上，消極的方面損害與積極的需去轉型本國的產業，發揮自己的實力的課題，這課題的重要性，必須得到大家認同。

“

氣候變遷的他山經驗

究竟氣候變遷的立法目前是狀況是怎樣？國際上當然是京都議定書，或二〇一五年的巴黎協定，這些都是國際的立法。

但以國家的角度看，第一個完整的把氣候變遷當立法的課題，做出最完整立法的是英國的Climate Change Act。英國訂定此法，把組織、管制工具、財稅、國際銜接、實際推動的面向做了一番整合，是現今全球談氣候變遷變立法重要的參考範本。

許多國家都對本國的需求、國家的現況，推動的方式特殊的立法，比如日本，日本京都議定書的主辦國，一九九七年京都議定書通過後，一九九八年開始立法，對於地球暖化提出因應對策的法律，將比較偏重教育整合跟觀念的傳播作銜接。

韓國另一種方式面對氣候變遷立法，尤其在李明博政權的時代，他非常重視企業的經營，把氣候變遷因應跟產業的發展做了具體的連結，他的氣候變遷因應的法律接續之前訂定的能源基本法，跟永續發展基本法後，就具體的把氣候變遷課題，認為是低碳跟綠色成長的法律，明白的把企業的轉型低碳社會的建立，視為立法的一個核心。

立法是過程、是機制、是轉型

回顧台灣的情形，也跟在二〇一五年巴黎協定的通過有關，當時國會突然通過了溫減法，它的內涵非常狹小、格局也不算大，以至於這個法律從那時到現在究竟是不是扮演了台灣對於氣候變遷的基本態度。這過程中有很多轉變、調適的部分，也用命令的方式在推動，所以整個氣候變遷立法各界都曾有很大的呼聲，政府機關也開始著手規劃這重要課題，只是我氣候變遷立法還蠻擔心。原因在：第一，重要性大家還不夠清楚，以至於在政治上有很多其他的更重要議題下，這議題就不了了之。第二，可能是更嚴重的就是還是會立法，但是因應了事，許多需關照重要的課題，沒有納入立法思考，最後又變成是一個不到位的立法。

我有幾個重點供各位參考，第一，就是氣候變遷立法的性質，他本身是一個過程、也是一個機制，不是一個狹小的法律問題，如果沒有啟動，很可能整個氣候變遷的因應，到最後沒有辦法銜接中央跟地方、沒辦法銜接政府跟民間、沒辦法銜接台灣跟國際。其實氣候變遷立法反映的是一個國家他在氣候變遷議題這個面向上，消極的方面損害與積極的需去轉型本國的產業，發揮自己的實力的課題，這課題的重要性，必須得到大家認同。

是民主社會的承擔 是國際認同的尊敬

第二，到底應該有什麼樣的內容？整理幾個重要部分參考。其一，是中央跟地方的關係，時常地方積極的要推動，包括碳稅、有很多做法，中央的態度如何？常說按照中央、地方制度的方式處理，其實沒嚴肅處理。哪些範圍內要中央地方合作，哪些範圍內要容許地方往前走，甚至讓地方去實驗，應該是重要的課題。

其二，國家本身的承諾，以及推動的機制的公開透明。今天許多國家的元首，都以各種不同的方式來承諾，但更重要的是在一個民主社會、在一個國際上認同的一個有責任感有尊嚴的國家，除了承諾外再來就是怎麼樣透過法律，讓實際的政府作為跟民間互動，能夠具體的一步一步地去實現想法。這是一個國家在面對氣候變遷議題的時候，表現出的擔當與格局，這敘述輪廓應呈現法律裡。

還有重要的是程式；也就因為它是一個全民、全國的問題，跟國際互動的議題。決策必須更公開透明，氣候變遷的現況、推動的狀況要更跟這個社會能夠銜接，要抓住機會能夠在國內推進碳經濟跟碳社會的轉型過程中，企業界能夠發揮量能帶動，尤其是同時在國際上發揮力道。

台灣氣候變遷的立法意義

最後要關注在台灣談氣候立法跟其他國家談氣候立法不一樣；全世界大部分的國家除自己國家談立法外，國會都有權去審查，國家的元首或是代表到國外所簽訂跟參與的內容，也就是其他國家大都參與國際立法的。

台灣，目前沒有機會參與國際立法，代表我們的國民，沒有辦法透過審議去簽訂國際檔的機會，也代表這沒有機會向國際社會表達氣候變遷我國的看法，所以立法是一個有尊嚴的表達，我國沒有辦法在國際場合表達。

但透過國內立法來向國際社會顯示這是台灣對氣候變遷的看法跟做法，是取得自己在國際參與上另一種尊嚴的實質行動。相信大家能透過不斷討論抓住對的方向徒徑，創造國際願意參考的台灣模式。

篇二　整合、推進立法　減碳零排放追趕中

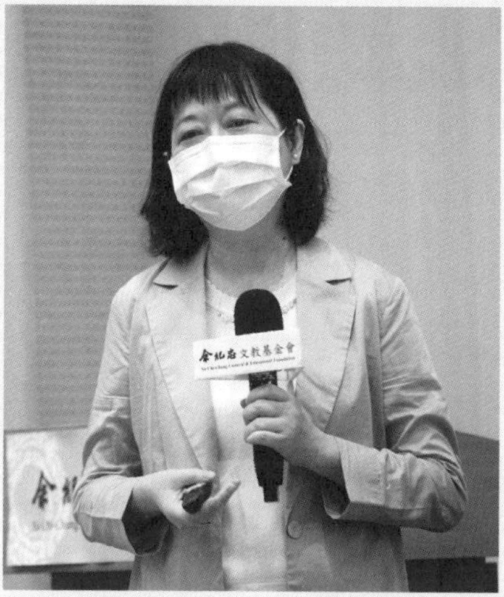

蔡玲儀（環境衛生及毒物管理處處長、環保署氣候變遷辦公室主任）

”目前能源減碳辦公室淨零路徑的工作狀況，在行政院跨部會願景小組與相關利害關係人進行討論，共有五個工作圈，分別是去碳能源、產業及能源效率、綠運輸及運具電氣化、負碳技術、治理工作圈，包括：碳定價及公正轉型等討論，過程中鋪向淨零路徑。“

致力國內碳高峰值不再上升 仍需溫管法修法

今日的重點是減碳。我們現在面對氣候變遷這麼大的挑戰，所以我必須在短時間精簡的以「加強因應氣候變遷」為題，說四個關鍵性。

首先，全球的二氧化碳濃度一直上升，減碳是世人共同面對的最大挑戰，按照巴黎公約強調的是共同扮演差別的責任，我們必須瞭解全球溫室氣體排放的狀況，從World Resources Institute這張圖來看，前十名的主要排碳國家，第一個是中國，第二是美國，接著是歐盟二十七國。

圖中可見第一個排放大國中國，佔比約二六%，第二是美國一二．六%，二〇一八年全球淨排放量近五百億噸，台灣約二．七億噸佔全球排放的〇．五六%，按照公約共同扮演差別的責任精神，台灣排放二．七億噸，應善盡溫室氣體排放的責任。

自去年拜登總統上任第一天宣佈重返巴黎協定，開始對於氣候變遷採取積極態度。從國際情勢觀察，美、中在許多外交場合一定會談及氣候變遷，希望中國停止對國外化石燃料的資金，中國踐行承諾中的減碳，美國會甚至關切新疆太陽能板不當勞動的議題。所以氣候變遷不僅只是國際環境上的問題，在主要排放國家中甚至是外交的課題。

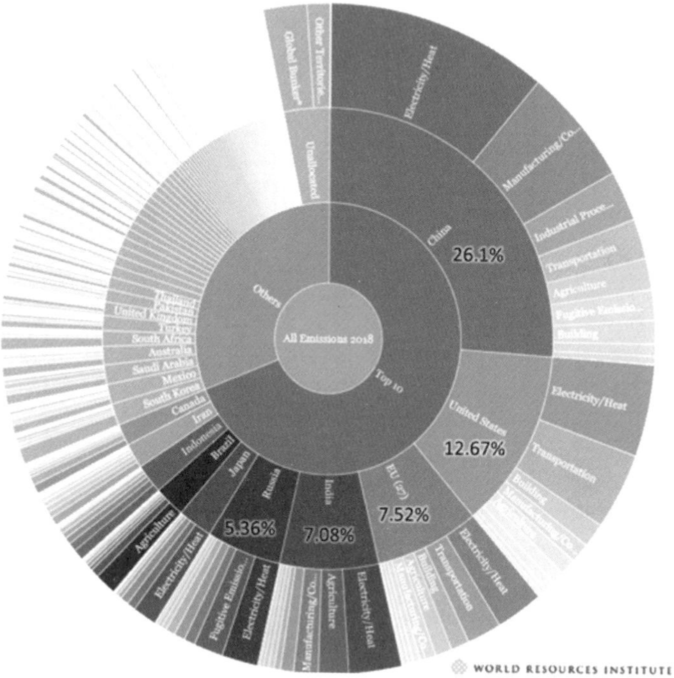

資料來源：World Resources Institute

溫室氣體排放持續上升的排放國，由於中國近年來一直在攀升，當中國提及預計將在二〇三〇年達到碳高峰時，中國能否加速減碳已為眾所矚目。比較其他，美、英、歐盟，以二〇一九年與二〇〇五年來相比都明顯下降。但有亞洲在日本明顯下降外，南韓、新加坡還是上升趨勢。往日台灣的碳高峰值已過，我們的碳排放呈現下降趨勢。探討碳排放密集度，以二〇〇五年作為基準，我國的溫室氣體排放是在控制且呈現下降的趨勢，GDP 呈現的持續成長，台灣每生產一元的溫室氣體排放密集度已明確下降，於二〇一九年相較於二〇〇五年也降了四〇%。

補強溫管法 減量仍不足

我國在二〇一五年時通過溫室氣體減量及管理法修法，溫管法推動後環保署兩年來進行部門管制及調適工作，發現在現行的法律上確實有所不足，尤其在減量工具的部分。知悉現行溫管法有需要做補強與討論，環保署立即啟動修法的準備。

由於當年立法時空背景與現在並不相同，考慮面涵蓋其他國家永續必要之大法，包含國土法、濕地法、海岸法這些都與調適有關，當時訂定時並未及就溫管法很多章節作詳加討論，但事實上氣候變遷調適工作運作後再檢視，還是有需要回歸溫管法原則與細則，於是延伸到今日氣候變遷因應法的催生。

過程中環保署密集的與產業、民間辦座談會，關鍵在自二〇二〇年底到現在國際間對於淨零排放的減量目標更形重視。今年七月歐盟提出的碳因應調整機制，各國目標與修法開始強化，全球皆對於法律的修正都有高的期許與深入討論。

訂定減碳目標 邁步淨零排放

首先，談追蹤淨零排放議題，二〇一五年的巴黎協定原有目標，於本世紀控制全球升溫不超過二℃，溫管法當時規劃的路徑也以這標準在二〇七〇年達到淨零排放，但國際情勢隨著科學調查變化快速，二〇一八年IPCC出的特別報告指出全球暖化升溫速度必須加快因應，淨零排放的目標期程也必須加快，須在二〇五〇年達到淨零排放，方可控制升溫。

歐盟從二〇一九年推進綠色新政，帶動國際間對二〇五〇年達到淨零排放目標速度，目前已超過一三〇個國家宣佈淨零排放，包括美國。中國也主動宣佈二〇六〇年要達到淨零排放，亞洲的鄰近國家日本、韓國也做了宣示。不僅一三〇個國家宣示已開始將此目標入法，如日本、南韓、加拿大、歐洲國家，有十二個國家將二〇五〇年淨零排放期程入法，正在立法中的國家也有三個。

全球升溫二〇五〇淨零排放是共識

面對國際情勢快速變動，原先二〇一五年的長期減量目標以二〇五〇年與基準年二〇〇五年進行減少一半碳排，於現今全球加速減碳壓力下，行政院開始啟動淨零排放的路徑評估，**蘇院長二〇五〇的淨零與修法指示，總統在今年的 422 地球日也宣佈二〇五〇年淨零轉型是全世界的目標也是台灣的目標，要把握這樣的趨勢來提出我們的路徑。**

過程中行政院在能源減碳辦公室與環保署一起會同各部會進行路徑討論，到八月三十日蘇院長主持國家永續發展委員會聽取環保署的報告後，院長明確指示辦理溫管法的修法，把國家長期減量目標納入二〇五〇年淨零排放，台灣現在也算加入立法中的國家的行列，跟上國際的腳步。

怎麼去達到淨零排放？在參考他國家的做法中，其間的關鍵即是國際能源總署 IEA 於五月出版，能源部門全球淨零的評估報告，報告中提出淨零分別從電力、工業、運輸、建築等專案達淨零排放的路徑，甚至提出計四百項的里程碑。

報告中強調的關鍵時刻在二〇三〇年，就是從現在到二〇三〇年必須要支持現有技術大規模的運用，未來更需要新的技術創新、大規模應用，除將現有關鍵策略做到最大化外，新技術開發也必須從現在開始準備，才有辦法進展到二〇五〇年的目標。

減碳辦公室的五個工作圈分工

目前能源減碳辦公室淨零路徑的工作狀況，在行政院跨部會願景小組與相關利害關係人進行討論，有五個工作圈，分別是去碳能源、產業及能源效率、綠運輸及運具電氣化、負碳技術、治理工作圈，包括：碳定價及公正轉型等討論，過程中鋪向淨零路徑。於上半年的討論下，將原先國家的二〇五〇年減量目標是減少五〇％，在八月三十日院長清楚的指示長期減量目標改為二〇五〇年淨零排放。

在這過程中原先規劃的減碳目標就必須再檢討，參考國際能源總署報告，要達到淨零實有七項關鍵策略，最重要的是能源效率提升及行為改變，還要包括：透過再生能源、氫能、電氣化、碳匯、碳捕捉封存技術，這些關鍵策略需要在二〇三〇年到二〇五〇年之間做示範及建制，以達到淨零排放的目標。

第二個議題要探討：強化氣候治理。在減緩的部分現行溫管法的架構除了六大部門之外其實還包含綠色金融、國際公約、教育宣導、調適推動、減量科技等等，這是目前涉及相關部會參與減緩的工作。在調適上，涉及的部會非常多，加上現在淨零排放的工作圈討論，在氣候治理這一塊，溫管法的修法要去強化行政院層級的協調、整合，目前規劃由行政院國家永續發展委員會強化氣候變遷以及節能減碳的工作分組。行政院國家永續發展委員會仍依照環境基本法訂定，由行政院院長擔任召集人，希望在現有的架構下強化整合中央涉及的部會分工、協調的功能。至於非常重要的地方連結部分，希望這次修法讓地方政府有氣候會報，由地方的首長協調整合。

建置碳定價 調適與立法並進

第三個議題是碳定價。國際間對碳定價目前有六十多國實施排放交易與碳稅費，歐盟碳邊境調整機制草案雖現在仍是過渡期，可能於二〇二六年正式實施。但見整體機制運作中，兩個重要關鍵是：產品的原產國應實施碳定價，並將產品生產的碳排放成本內部化；另一是，產品生產對

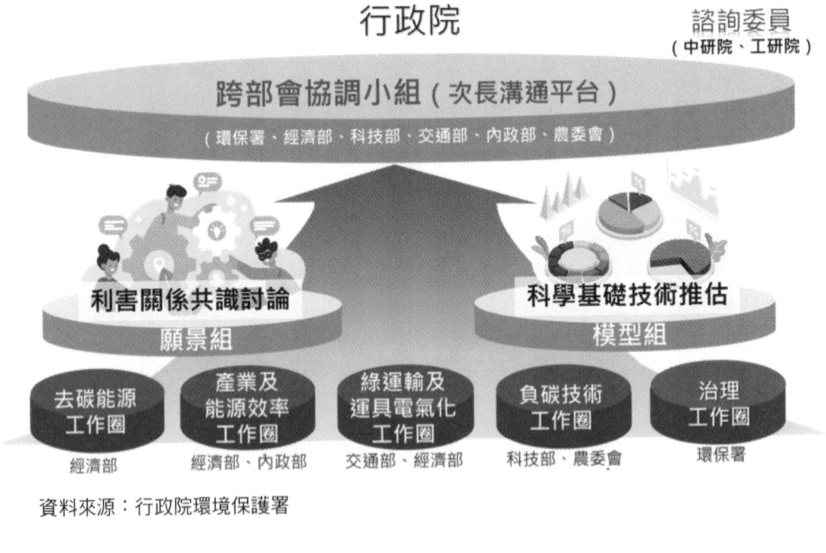

資料來源：行政院環境保護署

產含量的計算，與本身如何降低碳排都是核心。

我國雖然開始起徵的業別不多，評估初步也許台灣外銷歐盟，所受衝擊的產業沒有那麼多，但現在是美國與日本也已開始思考啟動類似機制，這等於減量碳排除涉及全球氣候外交外，更是迫切的經貿課題，共識是快建置我國碳定價機制。以徵碳費作為啟動，專款專用、鼓勵產業加速低碳轉型，先為國內自己有碳價，後續有關碳價的徵收水準需進一步討論。

第四，於氣候變遷的調適：今年八月 IPCC 的 AR6 重點摘錄，與台灣氣候變遷評析更新報告中，目前國內已有中研院、科技部、交通部氣象局團隊開始同步進行國家的氣候變遷評估更新報告，報告中分析在全球積極減碳，與不減碳下台灣會受到的衝擊。包括溫度、降雨的衝擊皆有初步的評估，後續將為目前修法增加專章，科學報告的情境風險評估可轉換為個部門的行動方案作為依據。

最後，目前關心的溫管法修法進度，經各部會討論在院長明示將二〇五〇年淨零排放的目標入法下，與各部會盤點溫管法規尚不足部分，需要在氣候變遷因應法去增訂的，以及各部會的權責分工討論，應在最短時間提出預告版本與大眾研商與討論。

減碳已確實涉及經貿，除溫管法修法外，更鼓勵國內各界產業的準備動員，共同面對氣候與世界共生。

篇三　人的行為　影響永續核心價值

劉兆漢
（中央研究院前副院長、院士、余紀忠文教基金會董事）

”人的行為取決於每個人自己秉持的價值觀、想法，如果希望改變人的行為，就是要建立新的價值觀，拯救因人類的行為導致的生態斷鏈，減碳與調適的困難，重建大家遵循永續發展精神的價值觀。“

建立永續的價值觀

蔡處長提及深度減碳、達到零排放這件事情非常複雜、牽涉非常多的因素，包括科技、法律、制度與產業經濟的關係。這些以往都討論相當多，今天我想提出來更基礎的另一個因素，就是必須先探討人的行為，人的行為與減碳、氣候變遷的因應都有直接的關係。

剛出爐的二〇二〇年的 IPCC 報告清楚的告訴大家，人為因素是現在地球困境的主因，應該嚴肅地考慮怎麼樣能夠改變人的行為。**人的行為取決於每個人自己秉持的價值觀、想法，如果希望改變人的行為，就是要建立新的價值觀，拯救因人類的行為導致的生態斷鏈，減碳與調適的困難，重建大家遵循永續發展精神的價值觀。**什麼是永續發展的精神呢？永續發展最先的定義是從一九八七年聯合國的報告「Our Common Future」該報告定義永續發展，就是任何的發展除要滿足當代的需求外，一定要能夠保障地球的生態，還有人文經濟的環境，能夠讓未來的世代有機會滿足他們的發展。

換句話說，任何發展在當代都不要將地球搞壞，要留給子孫有未來發展的機會。當然要做這樣的事情離不開教育，我們教育界多少年也持續在努力，還是力猶未逮。最近我有機會看到傑出的幾個宗教團體，在培養信徒關於環保的意識與作為，以及培養「愛物惜物」的習慣信仰，將行為生活化令我敬佩且感動，或許宗教團體與教育界合力於日常作習中推進永續價值觀，是一個可行、重要的途徑。

蒙特婁協議 廢止 CFCs 改善臭氧層

第二點我想跟大家討論是將過去三十年來國際上為了推動環保的相關協定、協議、公約，將不同的協議做一個比較。第一個就是蒙特婁協議，蒙特婁協議是八〇年代末期國際上為了彌補臭氧破洞這個影響地球的重要議題所推出，這個協定是針對氟氯碳化物（CFCs）所訂定，因為 CFCs 化合物是造成臭氧破洞的元兇，蒙特婁公約訂出全球廢止 CFCs 化合物，廢止 CFC化合物的過程是比預期還要提早成功的，原因是當時在科學上的論證，對於 CFCs 化合物影響臭氧破洞這些科學的證據，做得非常完美。

回過頭來看蒙特婁公約為什麼那麼成功，最重要的原因是廢止 CFCs 的協定訂立時，產業界其實已經找到它的替代品，所以廢除對產業界來說沒有影響，甚至因為新產品更為獲利。除了產業界以外，廢除 CFCs 後臭氧破洞確實改善了，而臭氧層的臭氧密度也漸漸恢復正常，這是一個很圓滿的國際協定。

尋找替代能源　科研挑戰不斷

回過頭來看有關氣候的協定，京都協議還有二〇一五年的巴黎協定。這兩個國際協定推動都非常困難，除剛開始科學界有爭執外，目前科學界已漸有共識，重視目前全球暖化氣候變遷的主要因素是溫室氣體，尤其是二氧化碳的含量持續增加，而 CO_2 排放增加的最大來源是化石燃料，包括石油、煤、天然氣等，到目前為止我們沒有找到有效且大家能夠使用的替代能源。當然再生能源、乾淨能源，例如太陽能、風能、水力、潮汐、地熱、核能等都是可能的選項，但是每一項都有他需要克服的障礙、缺點，到目前國際上在為氣候變遷的科學研究仍在奮鬥努力。

在減碳與能源科研應用上，我們現在看到的不只是眼前的，其實是未來二〇五〇年的一些新發展，新的趨勢不只核能，還包含太陽能等相關的再生能源，皆為可利用待發展。值得重視的是越來越傾向分散式的發電，而分散式的發電以及集中式的發電非常不一樣，重要的是配套措施，是能充分利用分散發電的一些資源。

要做到智慧型的電腦分配電力及能源，所謂的智慧電網，盡量利用目前的 AI、微電網，讓分散式的發電能夠更有效的利用，之於核能研究亦有進度，核能發電目前主要是核分裂來發電，此外還有核融合發電，最近發展的也很快，中央研究院李羅權院士，他的團隊在這方面有相當新的進展，值得大家注意。台灣在這方面需要加一把勁，盡快地建立更新、更有效的智慧電網，有效的能源規劃。

篇四　世代公平　給孩子一個未來

林子倫

（臺灣大學政治學系副教授、行政院能源及減碳辦公室副執行長）

”氣候變遷對人權的衝擊很大，自然生態的變化對人權的挑戰，從生命安全、健康、隱私、財產、飲水、食物等樣樣都重要，很多原住民族或是居住在脆弱地區的居民特別受到氣候變遷的影響，我們必須在這裡面做更好的關照。“

二〇五〇世代標記 氣候全球倡議

二〇五〇年是台灣很少可以跨世代談未來三十年的議題，大家談永續發展很久了但並沒有現在那麼具體，氣候與永續本是二十一世紀後半葉課題，但過去兩三年在極端氣候下全球倡議，將二〇五〇年變成一個世代的標記。現在這世代們，在這未來三十年我們能做些什麼，我希望將些概念放進來。

二〇五〇年其實有非常多該做的事，台灣基本上呼籲了全球的治理趨勢，去碳能源、產業去碳化、能源效率提升、運具電動化、負碳技術發展、治理機制架構，在這五個工作圈的架構下看起來台灣與國際是接軌的，而且是走在前端。變重要的是世代的部分，談氣候議題這幾年有蠻多演進，九〇年代初期較多是生態環保面向，由環境的變遷，慢慢孕育永續發展的概念後，社會的面向引進、關切到人的角色，談公平正義、相關的利害關係、甚至全球南北方弱勢的族群。

我覺得最近這一波是經濟的面向被帶入，經濟結構的轉型、企業的角色，過去企業在這議題相對較被動、保守，但過去兩年多從產業供應鏈等，帶出的經濟轉型、低碳競爭力等，也已經不是新的議題。談了一二十年，從來沒有看過全球的企業如此活絡，幾乎所有的重要企業都在談 ESG、減碳、碳中和。

跨世代是關鍵

二〇五〇年的議題不僅是生態的轉型、社會正義、經濟結構轉型、經濟競爭力，**核心仍是人，跨世代很關鍵。在二〇五〇年怎麼把人權的議題帶進，也是我希望在這幾分鐘內希望分享的，把人權帶進的立法或是治理結構。**氣候變遷對人權的衝擊很大，自然生態的變化對人權的挑戰，從生命安全、健康、隱私、財產、飲水、食物等樣樣都重要，很多原住民族或是居住在脆弱地區的居民特別受到氣候變遷的影響，我們必須在這裡面做更好的關照。所以環境權、氣候人權應納入。在談目前立法的治理架構，標示台灣在全球立法的高度，要對未來世代做基本權利的重要宣示。

我們用人權標準來看治理架構有苛責性，也與環境權、人權難以切割。另外世界人權宣言其實是講一個基本權利，權威性更高，應參考可納入。一九七二年到現在剛好是人類環境宣言五十年，如果明年通過，宣言裡環境人權的基本內涵，人人享有自由、平等、適當生活的基本條件，這些基本權利是尊重現在與未來世代的責任。特點包含環境權、未來世代的權利救濟、公權力的介治、超越國際的人類共用、權利義務等等，這些在框架與概念上讓我們可做更好的涵蓋。

談及青年世代，今日帶動全球的抗議、罷課等等，其實與宗教領袖像教宗，不斷地在這兩年發言，教宗覺得我們一定要採取行動，不然會對貧窮族群與未來世代產生不公正的後果。聯合國秘書長也提到他可以理解年輕世代為什麼生氣，因為我們真的做得不夠多、不夠快、不夠好，年輕世代的憤怒是造反有理，我們這一代能做多一點，下一個世代可以少一點承受氣候變遷的衝擊。

過去很難想像四〇℃可能會變成常態，在過去放暑假時看到歐洲很多地方四〇℃、五〇℃，去年問彭啟明博士台灣什麼時候四〇℃會成為常態，他說二〇三〇年可能就會出現，正呼應了IPCC這次報告。怎麼樣把人權的概念放到氣候人權，越來越多的弱勢族群，很多年紀大的長輩、弱勢族群都對溫度與氣候是敏感、有侵害的，絕對是大家共同承擔的責任，得以氣候人權的概念來處理世代正義。

氣候人權七面向 無法忽視

從生命、健康權、用水權、糧食、居住、自覺文化、原住民權利，大概至少有七個面向可以來呼應氣候人權的權力面向。像前面談到的世代及未來，怎麼樣放到現在的版本裡，這些議題都不是現在馬上發生，但是我們現在必須採取行動，利用立法、政策維護未來世代的權利。目前看起來全球的國家治理體系並不利於未來世代權利的保障，現在談的減碳在制度的保障其實也不夠，又沒有未來世代相關的席次、行為者可以發聲，生態資源如何有更好的管理，避免未來毀滅性的災難，都是我們現在應該來做的。

現在國際上很多青年倡議已經開始，他們要拯救、教育、告知、賦權未來，我覺得越來越多的學生必須站出來捍衛自己的未來。二〇一九年聯合國也辦了第一場青年世代的氣候高峰會，我們也希望台灣讓青年來發聲、參與，聯合國也設立了聯合國青年氣候特使來做相關的倡議，青年也不能被忽略。

今天如果回來再談二〇五〇年的氣候治理，最近談的比較沒有被帶進來的是創新的面向，我們都知道要低碳化、電氣化、數位化、產業轉型，這些都在過去有太多的討論，但我覺得我們需要更多的創新。台灣其實有非常好的創新基礎，治理途徑、路徑、技術都需要，當然利害關係的參與、智慧電網、分散能源、財政工具需求面的部分談的比較少，這個都是需要在未來治理的面向。

最後政治法治社會面，決策者應該納入未來世代的利益考量，這是一個重要宣示，怎麼樣有跨世代的治理機制，包含倡議、未來世代代表很多國家已經開始做這樣的設計，我們是不是

有氣候人權的影響評估機制，怎麼樣執行氣候政策，考慮相關的程式影響評估，另外透過法律實踐未來正義、未來世代甚至是建立預警機制，社會面就是讓大家瞭解世代政治的認知，做更多的溝通、參與、改變。

篇五　務實能源轉型 不要紙上談兵

李根政
（地球公民基金會執行長）

”轉型的過程中會面對先天的限制，如何去擺脫對化石燃料的依賴，如何明智地使用環境資源、降低社會與環境的衝突，必須有更多的制度配套。“

減碳欠缺具體路徑與配套

我從九〇年代開始參與環保運動，一路二十幾年看著台灣面對氣候變遷議題的演變，這一兩年的改變非常大。

自一九九七年的京都議定書通過後一九九八年李登輝總統就開第一次全國能源會議，接著二〇〇五年陳水扁總統也開了全國能源會議，然後於二〇〇九年馬英九總統開第三次全國能源會議，二〇一四年馬總統再開第四次全國能源會議，這四次的能源會議陸陸續續訂了減量目標，比如說第一次的目標是二〇二〇年要回到二〇〇二年的水準，但是所有的能源會議爭吵不休的就是核電、高耗能產業是不是應減碳、要不要制定明確的剛性減碳目標等，這個過程中最後沒有達到減碳的目標？答案是沒有甚至不減反增。

也就是說從京都議定書簽訂後，台灣其實是爬升的狀態，其實這二十幾年來台灣沒有真的在減碳，直到二〇一五年巴黎協定之後我們制定的溫室氣減量管理法，定了一個非常重要的目標就是二〇五〇年要降到二〇〇五年的五〇％，這裡面比較具體的是第一階段管制目標，其實是到去年應該要降低二％，就我瞭解應該沒有達標。我們現在最大的問題還在於欠缺具體路徑、配套措施、實際做法，治理決心這是一直的關鍵。今年的 COP26 即將召開，台灣這時能夠啟動修法、制定氣候變遷因應法是非常重要的關鍵年，我們必須務實的盤點從現在起到二〇五〇年，到底要循哪一條路徑去達成這個目標，而這中間有哪些配套的法案、政策、計畫，一定要實際盤點出來。

提升指導層級 找回政治決心

第二個就是：其實每次開能源會議，我們好幾個環保團體通常就是在外面舉布條，有一年我寫的布條上面寫的是「不缺能源會議只缺政治決心」，蔡英文總統已經宣示二〇五〇年淨零，蘇貞昌院長也指示開始進行排放的相關規劃討論，樂見行政院目前啟動開始召集工作圈的工作模式。過去減碳為什麼做不來？我覺得最關鍵是行政院把減碳問題丟給環保署，環保署不可能去指導這些平行部門，現在能夠提升層級由政委來主導，是較大的改變。

回顧二〇一六年蔡英文總統上臺，宣佈非常重要的啟動台灣能源轉型，制定再生能源達到二〇%的目標，然後訂定把天然氣提到五〇%、煤炭降低到三〇%，透過這樣的能源結構調整，同時處理空汙、減碳、啟動再生能源的發展。可是各位想想這兩年有什麼大的改變？在二〇一八年時參與台積電的南科環評案件，我們當時提出訴求是希望台積電承諾一〇〇%使用再生能源，最後達成的共識是至少在二〇二五年使用二五%的再生能源，當這二〇一八年底承諾後、二〇一九年馬上有媒體報導，台積電代工蘋果的製品要一〇〇%使用再生能源，才不過四個月的變化。

然今天台積電也又承諾二〇五〇年要達到淨零排放，所以是整個國際趨勢逼的台灣不得不往前走，企業如此，國家依然。如果沒有在二〇一六年啟動發展再生能源，今天會是什麼情境？**所以我們是做得太慢了，這裡面最關鍵的就是沒有決心。二〇一六年開的新局，在國內還有非常多的拉扯，包括核四年底要公投，這爭論十幾年沒法擺脫的惡夢，無謂的社會爭議投資費時耗力，台灣必須要很快地將整合治理架構，從責成環保署移轉到行政院真正帶頭，建立氣候的行動內閣才能解決這樣的問題。**

能源價格合理化 關乎社會轉型與分配正義

第三個部分是電力與能源價格的合理化一直無法好好被討論，它涉及非常多的層面，不僅是科技跟替代品的限制，還包括環境的限制跟社會轉型以及分配正義，包括國際、國內分配正義的問題，它其實是相當複雜的社會轉型的問題。要如實反映化石燃料對健康與環境的危害，這件事情一直沒有被妥善的處理，直到歐盟的碳關稅來了，我們才不得不處理。過程中台灣一直是因應國際貿易的被動者，趨勢下的追隨者，而不是開創者。但也無妨，即使是追隨者動作也要快，不只是為環境也為產業發展。

最後，轉型的過程中會面對先天的限制，如何去擺脫對化石燃料的依賴，如何明智地使用環境資源、降低社會與環境的衝突，必須有更多的制度配套。舉例，前陣子再談老車淘汰，確實可大幅改善空汙、減碳，但是面臨老車的司機朋友的反彈，顯然處理公正轉型涉及到很多的部會，理論上跟就業就特別有關係，勞動部應該要參與，經濟、交通部門也都應該參與，老車淘汰是一個指標議題。

像產業轉型一樣，處理高碳產業的轉型，石化工業、煉鋼業，石化工業在高雄的典型議題是大設石化工業區的降編問題，有兩千個勞動者在降編的過程中必須處理就業的問題，需要公正轉型。第二種問題，**是環境矛盾衝突，最典型的例子是藻礁天然氣的衝突以及增加太陽能所需地面空間。台灣土地那麼狹小很難找到地面空間，怎麼樣去面對這些轉型衝突，必須去尋找最小衝擊路徑，恐怕是台灣最真實不過的挑戰。**

第三步

氣候變遷，立法型塑

立法篇

（研討會紀錄整理 二〇二一年九月二十八日）

篇一　二〇五〇減碳入法　刻不容緩

主持人　邱文彥

（溫管法催生委員、海洋大學海洋事務及資源管理研究所榮譽講座教授）

"經過這五、六年來，全世界對於氣候變遷嚴峻的挑戰已經逐漸有共識，現在為二〇五〇年達到淨零的目標，每個國家都在進行推動當中。"

氣候變遷已是事實，勇於面對

幾個關鍵性的議題，第一個就是二〇五〇年減碳目標要不要入法，當時民間團體與工業界都非常關鍵，當時我們也極力整合各方意見，希望能夠推動溫管法法案，曾參與聯合氣候變化會議，當時我在擔任行政院團隊，碰到的最大的困難是國外在評價台灣時，到底我們氣候變遷的具體行動在哪裡？

當我國與歐盟的代表團隊對談時，歐盟代表提出台灣都沒有作為、不願意跟我們對話。但在台灣通過立法後來的對話就比較順暢，所以評價一個國家對氣候變遷的具體作為，關鍵性的關係到國家的權利與地位。

這是當年的情況，經過這五、六年來，全世界對於氣候變遷嚴峻的挑戰已經逐漸有共識，現在為二〇五〇年達到淨零的目標，每個國家都在進行推動當中。

另一方面各部會、各機關的整合是非常關鍵性的問題，我們也看到立法院、環保署積極起草氣候變遷因應法，包含今天邀請的范建得教授求教氣候立法的根本、理念，體制對應，立院洪申翰委員的氣候變遷行動法，林奕華委員的氣候變遷調適法，民眾黨也有氣候變遷法的制定的立院版本交鋒，與民間台灣環境規劃趙家緯理事長期待的氣候政策、減碳行動，瞭解法案的逐漸形成、推動現況進度。

國人對於氣候變遷的問題已經越來越重視，當然這一兩年來地球環境的惡化，讓我們體會到氣候變遷的嚴重影響，今年五月前台灣面臨嚴重的乾旱，年中過後中國的鄭州、台灣南部都發生了嚴重水患。

極端氣候變遷的影響已是事實，在這衝擊之下，今天來談溫室氣體減量管理法的修正，是即時且是刻不容緩的。

篇二　氣候立法 回歸根源

范建得
（清華大學科技法律研究所教授）

”雖有所謂的氣候立法已久，但此法是否能契合能源物理、經濟原則、文化人類學所揭示的人性等，能源與自然資源法制的基本構面。源於不完備的氣候法制的根本問題，常混淆了我國，不管在長期或短期、硬性或軟性上的一致性。“

氣候立法 日韓的借鏡

日本在二〇三〇年的目標是這一次 COP26 地球峰會，還有即將要與拜登的高峰會議。日本通過「地球溫暖化對策推進法」基本計畫五年期，沒有二〇三〇年是不會有二〇五〇年，但是二〇三〇年是很痛的，他們在能源基本法裡面放入五年一個檢討，目標、法律訂定很清楚，讓施政的人有機會達到目標，五年後再檢討下一個目標，法律基礎的行政方案皆有樹立、可以問責，他們是不是因為民族性就一定可以做得到？其實也沒有。

我永遠記得那個場景，京都議定書後，經歷日本福島核災，隔年日本所有商社的會長一起在會場，向世界鞠躬說對不起，我們做不到。這代表必須在推動過程中是負責的，當你遇到困難時，別人可以同情你、接受你。因為談氣候是已經走進全球化的成員，日本透過「聯合抵換額度機制」（Joint Crediting Mechanism, JCM）在世界二十幾個國家做節能減碳的調適，除了有產業政策，他也是世界上擁有清潔發展機制（Clean Development Mechanism, CDM）庫存最多的國家。

日本在行政上保持彈性，是台灣應該參考的，日本一路過來「地球溫暖化對策基本計畫」就是從二〇一六年到二〇三〇年，對應於巴黎協議承諾要做的事，他們由內閣啟動協調來下對應的目標，二〇三〇年的 NDC 新目標，日本沒有像歐洲國家直接入法，保留用政策宣示，可是有法治基礎，且必須去執行。

在產業上日本採產業自願行動計畫，一樣以五年期低碳社會實行計畫，階段性前進達到碳中和，台灣也有類似狀況，但較沒有感受到產業配合減碳政策並進，比較像是減碳政策在配合產業的需求前進，為什麼會這樣？因為日本的氣候政策從內閣、最高的法治往下走，帶領企業應循路徑，我們台灣現在沒有這由上而下的架構。

台灣的氣候立法，好像少了一點韓國、日本的方式。不一樣沒關係，知道對應全球氣候公約在走，每一個重要的立法都跟氣候公約相關，代表我們看到趨勢、知道重要性，但往下推進落實時缺少可以支援的系統，這才是很可惜的。如，二〇一三年電業法的修法，明明非常關鍵，但落實到現實操作層面發現推不下去，所以現在批評沒有電業自由化是老問題，關鍵是你投下的選票到底能不能發揮效用。

我國氣候法制的根本 缺乏體制、理念與實定法

當前我國氣候法制的根本問題，第一是在體制上，欠缺連結國際發展體制之推動路徑，剛

才邱文彥教授提到，歐盟一直在跟台灣對話，只問「你的國家行動跟政策有沒有法律的拘束力」，如果沒有法律的拘束力他就不承認，所以怎麼讓國際來認識台灣，一直到二〇一五年巴黎協定我們的法律過了，簽了國家自定預期貢獻（Intended Nationally Determined Contribution, INDC），在聯合國裡歐盟的官員發言時方肯定台灣的做法，相當於我們在國際上被認可履行巴黎協定的義務。

第二是在理念上，缺少國家承擔維護與禁止傷害環境之足夠氣度與高度，國家要承擔維護、禁止傷害環境的義務，應該由法律來管理這件事。目前雖然我國有環境基本法，但在談論氣候時並沒有實質連結。

第三是在實定法的層面，爭議最多的出自於能源部分，能源專家與公眾之間的差異非常大，在推行離岸風電、魚電共生時、藻礁時，整個政策互相衝突、意見反覆，我們欠缺以科學為基礎，來通盤型塑、設計、推動、落實政策，欠缺應具備之組織、行為、作用法制，這些都是要回到法治國的概念。

第四是在組織上，我們是否應該加強環保署的權力，讓環保署的擔任氣候主責單位元，但這部分行政部門一直缺乏強化組織對環境生態的重視。

第五，在經濟社會文化層面，什麼是能源史觀和應有的人權思維？如果都在講人權，應該知道舊公約在整個過程中，除今天對應的問題，過程中會有很多人受害，要公正轉型，如果沒有包含正視氣候人權的心，往前進時會把很多人落下，產生衝突姑妄弱勢。是我看到要補充的很多問題。

能源與自然資源並重 氣候立法需要環境資源部

環境的定義要重新回到大環境著眼，不只是見諸狹義的法治國。在基本法裡有定義要連結，法治國原則除基本的法律概念外，要有完整的組織系統，我們的環境資源部仍然遲滯，需跨部會協議分工，訂出階段管制目標。雖有所謂的氣候立法己久，但此法是否能契合能源物理、經濟原則、文化人類學所揭示的人性等，能源與自然資源法制的基本構面。源於不完備的氣候法制的根本問題，常混淆了我國，不管在長期或短期、硬性或軟性上的一致性。

本諸能源物理原則，萬物始自Big Bang，都是能源轉換的載體，地球亦然，有其守衡生態，以生態系統平衡大氣。由於人類行為的介入，工業化後人口暴增，資本主義帶動多樣又鉅量的消費行為，尤其石化燃料，極端化了溫室效應及全球暖化。

於熱力學的史觀，能源守衡（第一定律）和熱效率必低於一○○%（第二定律），所有的能源轉換過程一定不能達到一〇〇％轉換的效率，一定會溢出一些不能控制的東西就是亂度，以核能來說它所釋出的亂度被認為極端傷害公共衛生安全健康。所以把所有的能源排列，會發現客觀的數字，有人會說核能最好，有人會說問題很大，從基本的看，像IPCC說必須先從科學的基礎去瞭解影響氣候緊急情況何在？這是第一個觀念。

從經濟觀察看是否有環境成本，有就要納入。有沒有跨世代的成本是正義、人權問題，是否也要算進去。推動再生能源、躉購費率（FIT）就是要填補你在市場上競爭的不足，用市場機制是要讓大家有誘因去做，不會使企業失去競爭力。現在投資創新，必須將再生能源的技術大幅提升，在淨零的目標上重要的是科技研發與投資（RD&I），大部分都經濟市場角度，但公平嗎？

經濟原則之適用，重要的在立足點的平等，所以歐盟在轉型的過程有一筆基金，專門協助轉型不利益，德國在去核的過程要解決褐煤的產業，用這筆基金去幫助產業轉型，這個都是經濟的考慮。

第三，回到人性，你害不害怕核能？福島核災的發生導致日本說要去核，但等到日本一年要花一．二兆的天然氣，又受不了要穩健複核。討論政策比較難的是跨世代正義，像瑞典女孩說的：「你們把我們的未來毀了」，未來在他們的手上，現在下一代已經認定我們把他們的未來毀了，那麼我們在講氣候正義是在講誰的正義？

最後，回溯文化人類的角度，人曾經很習慣用自己的慣性做事，**國家看未來的興衰要能夠掌握能源史觀，不從能源的角度看會找不到根源。物質流裡談效率用每東西轉換多少焦耳最公平，這是衡量價值重要的觀念，但是我們現在是以錢計算。不要只想運用能源，自然資源要一起看待，氣候的問題要回歸根源，否則國家、民族、世代還都要擔憂。**

篇三　全面氣候治理　不只為條文而修法

洪申翰
（民進黨立法委員）

”氣候的議題已從過去的環保議題，進入現在更常用的「氣候風險」狀態，當下我們談到氣候風險時，有兩個很重要的面向，第一是極端氣候所帶來的災害風險，也就是比較物理性、環境性。“

氣候議題已成氣候風險 災害與產業面臨改變

在這一兩年裡，確實是國內外各國氣候政策，包括氣候目標大躍進的關鍵點。尤其從二〇一九年底，歐盟提出綠色新政開始，捲動了很多國家在這一年多時間裡，往前對齊所謂二〇五〇淨零排放的目標。當看到相關跟台灣有重要連結的國家，包括美國、歐盟、日韓，都在自己的政治議程裡把二〇五〇淨零排放目標給放進來，美國拜登總統，在總統大選時即提出氣候內閣的議程，當選後也看到美國展現重返國際氣候政治裡的決心，帶動了好幾波重要討論，包括電動車、氣候目標、燃煤電廠的限用，這些都很重要。

接下來十一月初 COP26 的會議，我相信這幾個重要的國家會再出席會議，所以為什麼說今年也是台灣氣候行動的關鍵年。一方面是來自這些重要國家要開始訂立相關議程，另外一方面，台灣自己內部也越來越感受到極端氣候帶來的影響，包括高溫、缺水，甚至高溫跟缺水帶來電力上在五月出現的問題。如果仔細地盤點，其實已經超過一三〇個國家宣佈近零排放的目標，十三國已經入法包括日韓英法歐盟皆在此列。

氣候的議題已從過去的環保議題，進入現在更常用的「氣候風險」狀態，當下我們談到氣候風險時，有兩個很重要的面向，第一是極端氣候所帶來的災害風險，也就是比較物理性、環境性。產業會在各國強化碳管制，包括提升氣候目標的狀況下，他可能會開始面臨經營上面的風險。比方說歐盟開始要課碳關稅，或者是接下來幾個國家開始做碳邊境的調整機制的時候，對於很多貿易性的產業帶來跟以前不一樣的經營條件變動，包括成本、收入、支出等都會出現非常大的改變，所謂的經營風險。

行政部門已決心淨零轉型 但政策不足

所以要談氣候法修法時，要認知不單純從環保署的角度看待，更多的是一個國家發展，包括整體的風險治理的概念。所以在設計法案時，是須這樣的基礎認知來做規劃。

自今年四月二十二號世界地球日，蔡總統的宣示是非常重要，她說二〇五〇的淨零轉型是全世界的目標也是台灣的目標，這是第一次用「淨零轉型」這四字。淨零轉型最重要的基礎來自二〇一六開始的能源轉型，尤其大幅發展再生能源。國際上所有跟淨零排放目標相關的推動，不管是經濟或社會上面各種的轉型，確實會看到再生能源的發展，這是轉型重要的基礎。今年八月三十號，蘇院長在行政院永續會宣示二〇五〇的淨零排放目標，提及溫管法大修法，置於氣候變遷法的法律中。這代表行政部門已開始明確的決心要往這方向走。

盤點目前減量方面的治理現況，環保署擔任主管機關很難指揮協調各部會。另外各部會很難為氣候行動來挹注額外的預算，也就是在資源面上要額外匡列預算，在目前各部會的動機是比較低的。再來是現行溫管法的政策工具不足、減量目標落後全球。除了責成減量的六大部門外的其他部會，我認為是很消極的應對氣候治理的任務，以致這些因應氣候變遷需要的跨部會或新型態的任務無人認領，大家都推來推去。

看到很多國家在面對新的氣候治理或強化氣候目標時，都伴隨著組織改造，甚至透過組織改造去承接這些在氣候治理所需要的新的工作跟目標。最後是像缺乏碳定價，它有兩面，一面希望排放源外部成本內部化，可以擔負更多的責任承擔使用者付費概念，可是另一方面重要的事，必須讓排放訂價格，這個價格下有很多的低碳行動或是推動低碳的創新跟投資，知道它的市場價值是多少，才會在市場上產生需求，要讓排放源盡更多的責任。第二方面碳定價的工作也是讓有意願投入到低碳創新，包括投入各種低碳推動的人，讓他們的工作產生價值，不然過去當碳定價沒有辦法開展時，很多投入低碳工作裡面的產業或企業界朋友，常說在歐美有碳訂價，所以他的工作有價值，落到台灣因為沒有碳訂價，不知道怎麼去估價也沒有市場的需求，這是一體兩面的地方。

調適的狀況也是一樣，調適是針對台灣自己內部氣候風險管理重要的一環，其中很重要的有關氣候科學的模擬，它能夠完整地提出跟評估，我們才有辦法在新的氣候情境之下，做它的風險管理包括衝擊分析，所以第一是缺少長期穩定的氣候科學的投入，然後也沒有發展出自己的衝擊評估風險分析的工具跟方法。第二是主管機關欠缺與其他部會的指揮跟研考的工具，中央跟地方在調適的責任也不是很明確。

修法重點納入淨零排放目標、氣候會報與部門管考

在前面的前提之下，民間團體、學者、很多委員一起提出氣候變遷行動法。我簡扼地講修法重點，第一是明訂二〇五〇淨零排放的目標入法，環保署在去年底提出的版本，還沒有把淨零排放入法，蘇院長八月底宣示，二〇五〇淨排放入法樂觀以待。第二重點是，行政院成立氣候會報，有助跨部會的政策協調或指揮，比較像是整體氣候政策指揮在行政院。這應是重點。第三是現有排放源的六大部門，包括製造業、住商、交通、能源、環境、農業這六部分，過去這六大部門的管理機制僅是針對六大排放源，主管機關才有責任，其他的部會裡好像氣候政策就跟自己無關。其實非六大部門的主管部會，亦可扮演很強烈有感的工作。

能怎麼讓氣候的科學在此扮演角色？就像八月的 IPCC 的第一工作小組提出的報告，花很

多力氣以新的氣候科學和最新的科學研究，在知識基礎上重新思考，目前的政策規劃跟進度。過去的氣候科學資源常零散，不夠累積沒有政策對接，**今後希以氣候科學作為政策基礎，新增氣候變遷調適治理，包括新調適專章。環保署現在的版本也有調適專章，我們希望調適專章能框列出，能夠運作的治理框架跟運作方式，包括有衝擊調適、或是這衝擊分析的評估，列入中央部會間、和地方政府間在政策上的連結與管考，都入調適專章裡。**

過去大家在談氣候、環保工作比較充斥在管制面，若能把誘因的概念置入，不只是靠管制或是後端的管制去管人，我們需要創造一個低碳經濟或綠色經濟的誘因。應該要訂定審慎而有效的碳定價機制，如訂了碳定價的機制，沒有辦法驅動行為改變，也不是原本要做碳定價的原因。有效訂定碳定價重要前提，希能夠把原則入法，後續的執法裡再訂相關的費率，至少碳定價本身的精神跟原則入法。

支援公民能力建構 擴大參與

很多人覺得氣候變遷越來越嚴重、極端氣候現象下我要做什麼？或是我不知道我該怎麼做？如果瞭解氣候政策很重要，公民的能力建構跟參與就很重要。這也是為什麼能夠框一筆比較大的資源協助各類型的公民，包括社區裡的公民、一般的民眾、企業、學校，讓他們有能力知道自己該怎麼做，才能促成更大程度地參與。期待放入公民訴訟條款，能夠平衡一般的公民跟行政部門之間的權利或苛責關係。

篇四

給行政部門壓力 立院盡速排案審查

林奕華
（時任國民黨立法委員，現為台北市副市長）

”氣候教育還是很重要，但是我更希望氣候教育是不論在什麼時候都要有基本的知識，包括勞工與資方。“

環境教育納入課綱 加深社會力與廣度

在教育部分有所謂的環境教育，氣候變遷為環境教育的一小部分，但目前環境教育的輔導團在談環境教育時，能談到氣候變遷議題的是少之又少。因為這是非常專業的，所以在環境教育裡面極少碰這塊。對於孩子的教育應該是當他出社會之後應具備的能力，但非常遺憾的是氣候變遷並沒有成功納入一〇八課綱。事實上二〇一〇年聯合國就已經把氣候變遷跟環境教育切割開來。在所謂融入教學上，其他國家，例如義大利在二〇一九年納入正式的課綱。要談氣候變遷議題，它的廣度是非常大的，我們必須要長期從多方面認識著手。

溫減法修法緊迫 各黨意見交鋒求權衡

一〇四年，立法院為因應巴黎協定，在同年六月通過了極具劃時代意義的溫室氣體減量法。其實，立法院不是不重視氣候變遷相關的議題。在一〇四年之前，立法院也曾多次討論有關因應氣候變遷的相關法案。舉例來說，九十六年有兩個民進黨委員的版本；一〇〇年委員會審查時，國民黨、民進黨、無黨聯盟各有一個委員版本。但因為朝野沒有共識，且屆期不連續的關係，以至於只要法案在該屆無法順利三讀，換屆又必須全部從頭、重新討論，才會讓外界有立法延宕的誤解。

立法院對減碳、環境或是溫室氣體減量議題的討論從未停歇。目前第十屆立法院有關溫室氣體減量的法案共有七個版本，分別為民眾黨一個、國民黨兩個、民進黨三個、時代力量一個。民眾黨跟時力屬於代表政黨立場的黨團的版本，但到現在民進黨跟國民黨都未提出代表政黨的黨團版本，且所有版本的提案也都只有一讀，尚未進入委員會實質討論。因為代表政府立場的行政院版本遲遲未送進立法院審議，所有黨團也都還在等院版的溫室氣體減量法，大家都要看看政府減碳、減排的決心。環保署雖一再表示持續努力中，但沒送進立法院也是事實。或許外界會質疑立法院審議溫室氣體減量法的決心，認為即便沒有政院版法案，立法院一樣也能審議。但目前行政權與國會多數都握在民進黨手中，重大法案召委如果不配合行政院的立法步調，最後也是無法三讀，甚至是排擠審理其他民生法案的時間。因此，不分黨派的朝野立委才會大聲疾呼，請行政院儘速將代表政府立場的院版本溫室氣體減量法送進立法院審議。

現在這會期已經過了一半，如果今年要在時程內完成相關立法，時間上是非常急迫。由於二〇二三年歐盟可能開徵碳關稅，我國在這之前應該完成相關立法。如無法如期立法，將影響出口競爭力以及外國政府對我國企業開徵碳費、碳稅，造成我國政府稅收上的損失。目前，世界各國針對溫室氣體減量多半已有具體作為，不是已完成立法就是正在立法中。如果我們沒有跟上腳步，可能會傷害我們的國際形象，讓外界誤以為我們不重視環境、不願意盡世界公民的一份責任！當然，在立法院就是會有很多不同的意見交鋒，但最後到底要如何制定法律，就是行政與立法部門，針對國際趨勢、產業現況、減碳減排成效以及多數民意來做相關權衡。

環保署去年公佈的我國溫室氣體排放清冊報告，有關我國溫室氣體淨排放量其實還呈現微幅增加，總排放量亦是如此。一〇七年雖比一〇六年降低〇．六二％，但本來的設定目標是要降低二％的碳排，兩者有極大的落差。而肩負國家減排總規劃大任的環保署署長張子敬的說法卻非常反覆！年減二％碳排的短期目標都沒有達成時，那二〇五〇年原本的減量五〇％碳排，到現在直接提升為淨零碳排的長期目標，到底應該要怎麼樣做？是一個很大的挑戰。

拉高減碳戰略層次 改變高感知低行動

環保議題一直存在著「高感知、低行動」的矛盾！這在減碳路徑應該如何克服？牽涉到的不只是環保問題，還包括經濟、勞工就業、國際局勢、國際競爭力甚至是國家整體戰略等。它是一個要跨部會、層次要拉得很高的部分，若光靠環保署很令人擔憂。以天下雜誌的推估，開徵碳稅以每公頓三百元計，前十大碳排大戶每年將付出三一〇億的碳費，會影響產業競爭力、爆發產業出走，都是要整個跨部會進行細節討論的部分。如果再比較新加坡碳稅每公噸開徵一百元左右，民進黨委員版為一〇～三〇元，民團版為至少三百元，希望上看至每公噸七千元，各界的差異不可謂不大。這都是在立法過程中，行政、立法需溝通、討論的地方，絕不能靠單一部會、本位主義的立法。

正視環境與能源衝突，理想與現實的差異

要如何減緩極端氣候對生活便利性的衝擊，是政府急需面對的課題。舉例來說，我們都知道碳排最大的製造源來自於石化業與電力業，更牽涉到油價與電價的制定。一旦對石化業與電力業開徵碳稅，勢必又會衝擊油、電價格的調漲。而政治人物因為選票的考量，減碳、減排幾乎都只敢從生產端、製造端而不敢從使用端著手。氣候教育還是很重要，但是我更希望氣候教育是不論在什麼時候都要有基本的知識，包括勞工與資方。當經濟部在做企業輔導轉型課程時，也應將減碳、減排納入課程中，這些都是能夠成功推動溫室氣體減量、因應氣候變遷的重要內涵。我們深知理想與現實的差異，有人覺得以前國民黨的經濟成果是犧牲環境，但是換成

民進黨執政後，許多人也覺得民進黨背棄過去的理想、價值。但執政就是有包袱，必須思考孰先孰後，經濟與環保要怎麼樣權衡。

比較台電的發電結構比，以及對照環保署二〇二〇年碳排目標能源結構比時，就知道距離與政府所宣示的目標，還有很大的努力空間。藻礁議題是目前公投的最大公約數，是因為大家看到環境保護的重要性。原來執政黨期待透過調整現行的能源結構比，以降低溫室氣體排放，並落實二〇二五年非核的目標。因此，執政黨提出的方案就是增氣減煤，增加天然氣發電的比重、減少燒煤發電的比重，但這又造成藻礁生態的破壞。執政黨的方案不就是讓大家集體陷入環保的兩難嗎？所謂的環保，是建立在犧牲另一個環保的矛盾上！讓外界產生環保議題相煎何太急的觀感！最近，政府推動班班有冷氣政策，學校因應加裝冷氣後產生的電費跟碳排問題，還特別加裝很多的太陽能板以用來發電。但整個政策推動上，政府上到中央、下到地方，為能讓太陽能板照到太陽而砍樹、為種電把大批的林木換成太陽能板、為風力發電影響海洋生態，種種措施其實都是需討論、權衡各種利弊得失。

立法要可行不只宣示 政院版本要廣納意見

現在立法院已經有幾個版本待審，只要立委們同意，可以針對有共識部分先完成初審、出委員會，沒共識部分留待朝野協商處理。但回到剛剛說的**立法要可行、大家要認同，不然也只是宣示性立法。希望執政黨能採取創新立法的方式，透過先與在野黨協商審查時序、預告立法時程，讓社會大眾知道，也讓相關利害關係者能遊說、讓立法委員能舉辦公聽、讓行政部門得以意見徵集。所有人都依照既定時序配套進行，廣聽各方意見。除黨團版本外，代表政府立場的行政院版本也不可缺，政府所有減碳、減排的配套策略及各部會要配合推動的政策措施，都一一公佈、供全民檢驗。**現在，不只是討論一個法，而是相關後續的作為都必須要能跟立法同時制定、擘劃出來，讓法在未來是具體可行的。雖然這會期是預算會期，但我的建議是在行政院的版本還沒出來前，考量這屆立法院立委任期只剩下兩年。只要召委願意先排案，給行政部們壓力、訂出立法時程，朝野黨團都按照這樣的時程一步一步達標，行政院就會有壓力。**立法權必須給行政權壓力，溫室氣體減量法或是氣候變遷因應法才能夠在這一屆具體的修正、通過。**

篇五　因應全球暖化　應有具體作為

趙家緯
（台灣環境規劃協會理事長）

”

台灣的許多機制都是片段式的，不像是美國眾議院針對氣候變遷成立「氣候危機特別委員會」然後提出完整氣候行動報告，我們不會要求立法院像美國提出五百頁報告，但至少有五十頁的評析。

“

溫管法發揮作用 經費需逐年增加

今天要談引領淨零轉型的國會行動，二〇一五年訂定溫室氣體減量管理法創了台灣法治史上首例，把二〇五〇年減量五〇％入法，逼使政府面對三十五年後的台灣。問題在六年來，溫管法的施行狀況並沒有長期規劃看未來，按民調四分三的人甚至不知道台灣已有減碳的法定目標。回顧過去六年溫管法的許諾與失落，檢視氣候法的修法重點，修法之外的國會還能扮演的角色，或許可利用預算會期，讓立委職權進一步發揮氣候行動。

首先，溫管法是否發揮作用，在溫管法裡給予的治理機制，重要的是階段性的管制目標，第一個階段二〇二〇年的管制目標，目前評估基本都沒法達成，如僅看以排碳量為主體的燃料燃燒二氧化碳排放量，去年度並沒因疫情大幅減少達五％以上，去年排放量只減一％左右，跟原定減碳目標有五％落差。

另外電力排碳係數，發一度電要降多少，也是管制期的重要目標，去年應降到發一度電產生〇．五公斤二氧化碳左右，相較前年已有大幅度進步，但跟原定目標降〇．四九二公斤，電力排碳係數差了一．六％，過去幾年在能源需求量、節能上較沒做好，只是盡可能把燃煤比例在台電系統中佔比拉下，但沒法達到預期的總量消減目標。更大的問題所在是，具體的目標沒做好，至少應該引領市場趨勢轉向驅動，但氣候面的投資預算並沒增加。在綠色國民所得的資料，這幾年公部門於溫室氣體減量的預算僅只二十五億左右，且非逐年增加，以二十五億這個經費要達到減碳的目標其實是很難有作為的。

盤點具體氣候政策 讓全球暖化不再只是笑話

先談製造業部門，製造業部門排碳量佔一半以上。一年排碳造成的外部成本大約七千億左右，政府在製造業的預算約一．八億，用一．八億彌補七千億的外部成本，是極大的差距。

二〇二〇的管制目標第一階段裡，嘗試要做很多基礎能力建構，方可讓今後加速行動，很多工作能紮根，問題是現在不知道紮根的進度為何？建議解釋第一階段的具體作為，如果各部會已完成法規盤點，已有可用基金的盤點，是為下一階段補齊法治漏洞時很重要的基本資料。瞭解問題如何在修法中彌補，有因應全球暖化的具體作為，方可因應二〇二一青年抗暖大遊行提出的「如何讓全球暖化不是笑話」。

長期策略路徑圖、部會明確當責

具體作為尚需補足有四：

第一，不只是訂定長期目標，長期目標與路徑圖要透明，除目標入法外要相對應的長期策略。二〇一五年通過二〇五〇年減量五〇%的目標，並沒有路徑針對目標做具體的規劃，所以在這次修法裡應該把國家因應氣候變遷行動綱領，作為長期減量目標的過程，不是只提原則性，要長期路徑圖，像現在啟動的系列淨零工作要法治地位，實踐的過程有長期性思考，搭配階段性目標，不只看短期的可及性而是與長期減量目標相符，舉例定二〇五〇年淨零排放的目標，如二〇三〇年達標值只減二〇%就是不符，把壓力轉壓二〇三〇年之後的二十年是不公平、不正確的。

第二，是氣候主流化，著眼於明確當責，我們與洪申翰委員一起提出的氣候變遷行動法中，嘗試把一些部會的具體權責詳細明定，不能躲在部門別下去後續協調。在公正轉型的議題明定勞動部要扛起責任，不像現在談氣候法勞動部根本不它有關聯性。在國際上希望有獨立監督委員會提出獨立質詢，台灣要設立獨立的委員會就要修政府組織法，氣候變遷行動法運用使資訊委員賦權扮演這角色，不像現在永續會這樣不夠發揮功能。最後，強調公民參與的機制、有週期性的氣候國事會議，讓公民能夠系統性面對淨零該做的改變。

調適、定價政策有效性

第三，是調適作為，在二〇一五年立法時希望依據國土法、濕地法推進調適功能，但調適需要密集的歸納，包括：過去十二年來開始進行的調適積累，結果在欠缺科學引導以及主責機關的歸責之下，各部會提出來的方案是很有落差的，像財政部認為不舉債就是一種氣候變遷的調適作為，有這荒謬的KPI陳報。調適主管機關調整由國發會主導，加強科學評估回應，而非各部會自我感覺良好的評估，更應強調地方行動由地方調適主管機關，以社區為本的調適作業，需有資金支撐，讓調適踏實前進。

第四，是碳定價與政策工具，在政策驅動產業推動奔向淨零，雖然在二〇一五年也有碳定價的機制，其實是有授權可以推動碳排放交易制度，但台灣在運作排放交易市場較沒有成效，二〇〇八年第一次談溫管法立法我們就曾提出，去年環保署公報也印證這件事，我們要讓碳費先行，重要的是碳費費率要能夠反映外部成本，而不僅僅只是工商業界能接受的費率。

另外要有效能標準，可管制汽車行駛每公里的排碳量上限，讓電動車佔比增加，像是歐盟在二〇三五年禁售燃油車就是運具的排碳效能標準要比現在減一〇〇%，只有全面電動化才能達成，所以需要政策工具引導。最後，減量管理計畫現在申報的排放源，不僅只申報排放量也要申報減量管理計畫，將減量管理計畫公佈後投資者才有辦法監督，知道投資的對象上的減碳作為是什麼？是否好好因應氣候變遷，申報排放量及申報減量管理計畫必須公開，不能像能源局主管對各節能推動內容是封閉不允監督的。

立法院不能等待不作為，考慮氣候預算推進

氣候法如十月公告到十二月推動有兩個月的推動期，在此氣候緊急狀態下我們不能繼續等下去，錯失重要時機。我們力推去年立法院在預算審議上對台灣淨零轉型的重要；主決議裡要求啟動淨零路徑評估，要求台中火力發電廠在二〇三五年時燃煤技術全部要轉為備用，這對全台灣的減碳都至關重大。

台灣的許多機制都是片段式的，不像是美國眾議院針對氣候變遷成立「氣候危機特別委員會」然後提出完整氣候行動報告，我們不會要求立法院像美國提出五百頁報告，但至少有五十頁的評析。希望在座的立院工作者，**可試圖把二〇二二年的總預算審查裡考慮氣候預算編列，**

預算審查時藉由通過主決議或附帶決議的方式，將行政院該做未做的氣候行動往前推進。

例如要求電力部門的去碳化，要求台電像國際電力公司，提出科學基礎長期減量計畫，電業管制機關提出二〇二五年後的第三期電力排碳係數規劃。耗能產業中鋼鐵業已提計畫，石化產業也驅動國營的中油提出科學基礎目標。反而是運具電動化這棘手問題，經濟部與交通部推來推去，交通部在第二階段承諾二〇二一年開始提出小客車電動化，做為審查交通部預算時的附帶決議或是主決議，可讓運具電動化的主責機關塵埃落地，我覺得這三件事是可以讓二〇二二年的總預算審查變成氣候預算的開始。

第四步

氣候變遷，淨零挑戰

產業篇

（研討會紀錄整理 二〇二一年九月二十八日）

篇一　低碳轉型不能躊躇

主持人　黃正忠
（安侯永續發展顧問股份有限公司總經理）

”今天很重要的概念是我們要用低碳的方式來發展、來找機會，管制是為了讓後代有機會、管制是為了要國家有競爭力，所以今天所有的企業界不得不改變，一定要為低碳進一份力。“

減量 政府、企業都不能缺席

如果我們二〇五〇年不希望氣候變遷來終結我們，那我們二〇四〇年該做什麼？二〇三〇年該做什麼？再過三個月馬上二〇二二年，在過去二十年中我們沒做的現在都必須要加緊做。今天很重要的概念是我們要用低碳的方式來發展、來找機會，管制是為了讓後代有機會、管制是為了要國家有競爭力，所以今天所有的企業界不得不改變，一定要為低碳進一份力。

在過去二十年先進國家不斷地做低碳基礎建設，這件事情誰都沒經驗，只有不停地嘗試。所有的低碳政策方法、投資、技術、科技全部都是朝著這個方向，我們觀察過去這麼長一段時間，我們在裡面協助台灣的企業界去因應。我們說碳帳不能當混帳，碳費、碳稅該誰收誰就該要站出來。過去二十年企業開始做低碳轉型，從百分之百再生能源到現在不過兩、三年變成淨零碳排。剩下八年蘋果供應鏈要碳中和，也許很多長官覺得碳稅扮演的角色不重要、影響不大，那蘋果供應鏈怎麼辦呢？

我們說十五年之內就要減碳百分之五十，這個科技需要多大的投資、多大的發展，能源一定要轉型，能源一轉型材料就會轉型、材料一轉型商業模式就會轉型，到碳中和、淨零碳排、投融資也會轉型。企業界未來要減碳是個非常大的產值，如果不趕快做這個產值最後全部都留給別人。

氣候變遷下　工作型態已改變

百分之百使用綠電這件事只有繼續往前，達到淨零碳排放、減到不能再減、碳中和從自然界移除。所以我們看新加坡今年與淡馬錫成立基金，以自然界移除的基礎，以 nature-based carbon credits 作為主要的碳交易基礎。我們今天面臨質疑，從新冠疫災的角度來看，全家可以自由的出國度假大概要多少年？我年初講八年，那已經快過兩年還有六年，六年代表什麼意思？

因為全世界的無接觸經濟，像我做的永續顧問業在過去這兩年當中在家工作，現在我們是一樣在家工作，案子照提、工作照做，表示這個工作模式已經到了另外一個階段，在無接觸經濟的狀況之下，台灣需要材料、能源、產品輸出，全世界都需要，可是又有氣候變遷的壓力。這次研討會也討論了很多，在產業這議題幾位先進都是在這議題上，如人飲水，大家都經過三溫暖走過來，歡迎前新北市副市長也是前能源局局長葉惠青、臺灣水泥張安平董事長、工業總會的蔡練生秘書長、中央研究院經濟所蕭代基研究員為我們做精彩的演講。

篇二　產業衝擊來襲 氣候科技救援

葉惠青
（新北市政府前副市長、前能源局長）

”淨零排放下對能源、產業、貿易、投資各方面都受到影響，碳經濟系統會形成、產業創新會有新的波動、能源結構會調整、電力系統也會有新趨勢。“

國際淨零已成產業趨勢 不得不做

聯合國架構從二〇一六年十一月巴黎協定生效後，非常重要的關鍵是希望在本世紀全球氣溫控制不超過二℃，並努力將氣溫升幅限制在工業化前的水準（一．五℃）內。要實現這個目標原藉由國家自定貢獻（Nationally Determined Contributions, NDC），可是初始各國提出來的NDC只能控制在二．七℃，距離二℃或一．五℃差距非常大。事實上聯合國環境署（United Nations Environment Programme, UNEP）在二〇一九年的排放報告中顯示，如果要達成二℃的目標，現在各國的NDC至少要提高三倍，如果要達成一．五℃至少要提高五倍。聯合國政府間氣候變遷專門委員會（IPCC）在二〇一八年已經做一個評估，一．五℃仍具嚴重衝擊，可是到二℃時會帶來毀滅性的衝擊，如果沒有趕快採取行動的話，基本上會很快超過溫室氣體可以容忍的水準。

最新的統計現有一百三十四個巴黎協定締約方宣示淨零目標，還有四個國家包含中國大陸在內，以二〇六〇年作為淨零目標，在這區域及主要國家的政策方面，歐盟在歐洲綠色政綱宣示二〇五〇年碳中和目標，二〇三〇年至少相較一九九〇年溫室氣體排放減少五五％，二〇二三年起產業須申報碳排放量，美國、日本也可望跟進。國際能源署（International Energy

Agency, IEA）在今年六月，做了二〇五〇年淨零排放的能源部門路徑，推估二〇三〇年全球汽車銷售量有六〇％為電動車，二〇三五年發達經濟體全面使用淨零排放的電力，二〇五〇年在再生能源的比例由二〇二〇年的二九％提升到九〇％，而且非常重要的是七〇％的能源來自於風力跟太陽能。國際的主要倡議包括聯合國氣候變遷綱要公約（United Nations Framework Convention on Climate Change, UNFCCC）號召的 Race To Zero Campaign（歸零運動），承諾二〇三〇年減少五〇％到二〇五〇年淨零排放；世界經濟論壇（World Economic Forum, WEF）的氣候行動平台，還有全球再生能源倡議（RE100）、能源生產力提升倡議（EP100）、電動化載具倡議（EV100），及科學基礎碳目標（SBT），台灣目前已有二十幾家企業參與。

碳經濟系統成形，能源結構將改變

淨零排放下對能源、產業、貿易、投資各方面都有影響，碳經濟系統會形成、產業創新會有新的驅動力、能源結構會調整、電力系統也會有新趨勢。首先是綠色成長路徑，英國把它叫做綠色工業革命，日本叫做綠色成長、戰略，我定義它為 New Economy（新經濟）。從九〇年代創新科技導入造成一波經濟成長到最近網路經濟造就網路巨擘，當前的 New Economy 是以環保永續為創新驅動力。這種情況下，經濟成長跟碳排放會脫鉤，生產跟環境保護是一個正向循環。

重要的是碳訂價及碳含量會影響產品市場供需關係，透過碳市場機制促進產業低碳化及低碳產業鏈，影響到投資、生產，當中重要的是綠色金融。長遠看，低碳會成為產業創新的觸發器，高能效技術及產業會成為主流，因此現在所謂的氣候科技，產學正快速發展。能源結構調整，包含創能、儲能、節能的結構會改變，創能系統朝零（或低）碳化，儲能系統設置更為普及。電力系統結朝低碳化、數位化、去中心化觸發這三方向。

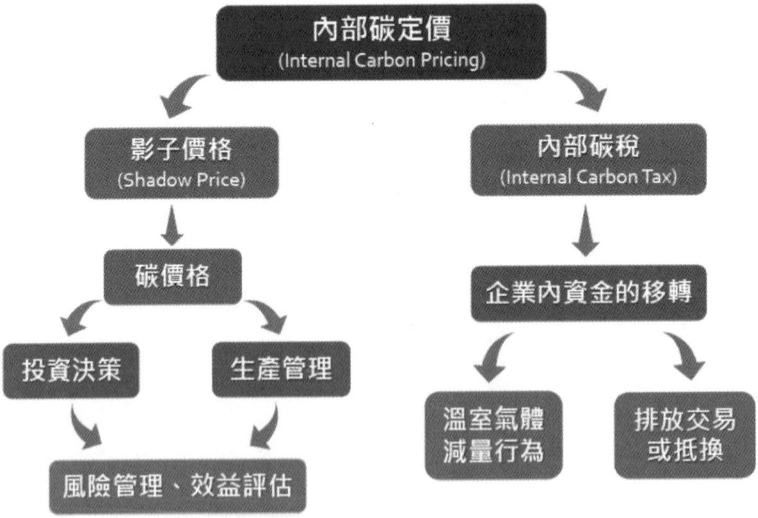

資料來源：葉惠青（2021）

產業轉型五系統 供應鏈無法置身於外

產業怎麼去因應？大概不脫離這五個系統：包括建立碳管理系統、改變能源內容、創新生產技術、從事綠色投資、進入交易或抵換市場。建置碳管理系統時要進行碳盤查、登錄、第三方驗證，擬定碳成本化的減碳策略。第二個是改變能源內容，包括開發或設置再生能源系統、提高能源效率、導入儲能及智慧節能系統等。第三個是創新生產技術，從材料、生產到市場，進行低碳轉型，聽說很多廠商導入循環經濟，開發或使用低碳新製程或新技術，也漸漸開始有人談到智慧能源系統。第四是從事綠色投資，包括綠色金融、碳匯投資、碳捕捉再利用或封存、綠能投資。第五個是進入交易或抵換市場，這裡包括台灣有的綠電憑證，及不普及的碳抵換。

除了一般因應範疇，即如前黃總所提，標竿產業以 Apple 為例，Apple 於二〇二〇年宣示將於二〇三〇年前達成碳中和計畫，做法像是 Iphone12 的包裝盒比過去的少一半，裡頭的塑膠材料、包材少了五八%。除了標竿企業以外，碳揭露專案（Carbon Disclosure Project, CDP）指出供應鏈碳排放為多數企業營運的一一．四倍，WEF 計算出全球八大供應鏈碳排超過全球五〇%，所以供應鏈在碳排放裡非常重要。標竿企業永續管理必須要揭露或管理供應商碳排，將排放指標納入採購標準，現在包含 Apple、Google、Benz、IKEA、Walmart、Nike 等都有類似規範。

台灣要迎向淨零排放，總統在世界地球日已做宣言，國發會龔主委說，未來台灣淨零排放目標，能源轉型、運具電動化、工業綠化是未來三大軸線。接下來的氣候法令的修改，在立法院有七個版本。另電業法的修正，二〇一七年時候有兩項修正非常重要，第一個是綠電先行，綠電可以開放售電業，售電業現在有十一家，十一家按照用戶選擇、電價是自由的。另外一個是台電推動廠網分工，電力交易平台在九月三十晚上要開始報價，十月一日開始施行。另外，就是二〇一九年再生能源條例修正，能源大戶綠電的義務規定，現在是規範用電經常契約容量達五〇〇〇 kW 以上的電力用戶，這個門檻非常高，現在僅三百多家在門檻裡面。

產業變革裡找機會 創造新動能

氣候變遷會引起怎樣的產業創新與機會？第一是從內部開始，企業內會產生治理變革，企業內部以有償排放的作法，形成治理變革。內部碳定價裡有兩個方向，一個是影子價格，碳價格內化影響投資、生產、風險管理及效益評估，另一個是內部碳稅，這會影響內部資金的移轉，將取溫室氣體減量行為跟排放交易或抵換。第二是產業集體性減碳系統，垂直有供應鏈因應，橫向有跨業聯盟，還有資產管理產業投資行為。去年十二月我注意到「倡議淨零資產管理公司倡議」，已經吸引全球一二八家資產管理業簽署。這個涵義是，過去是公司內部治理變革，現在是投資人參與。第三是綠色金融盛行並推進氣候科技新創產業發展，前陣子看到一個投資計畫做無人機，這為何屬於綠色金融？因為他們拿無人機來造林，這也被納入綠色金融的範疇。另外我特別要講促進氣候科技新創公司發展，原本AI的創投資金吸收非常多，這幾年氣候科技的投資資金是AI的三倍，二〇一九年全球創投的資金六％投入氣候科技，二〇二〇年全球創投的資金有五百家氣候科技吸收一六〇億左右的資金，二〇一五年到二〇二一年大概吸收超過六百億的資金。第四是創新型智慧能源產業興起，再生能源不斷導入電網，而且能源系統開始趨向於創能、儲能、節能的整合。**這個創新型智慧能源產業的模式，在技術領域是物聯網（IoT）、區塊鏈、大數據、AI綜合使用。商業模式也一樣有能源技術服務業（ESCO）、變形ESCO、信託、租賃、群募在整合，這個產業型態是能源領域、技術領域、不同商業模式在夾交織成做創新型的智慧能源系統。**第五是碳權系統將激發多元的新創公司，如果碳定價、碳管制完整的話會衍生出很多新創公司，我最近就遇到做智慧移動的也跟碳權相關、淨零排放連運輸也是，做廢棄物也加入碳權，碳權系統一旦確立每一個領域都會衍生新創產業。

我認為氣候變遷下的產業創新內涵與速度終將攸關產業的競爭力，不同產業一定有不同的衝擊、不同的因應問題，也會有不同的調適時間，未來如能迎向國際淨零趨勢，形成創新的驅動力，可望造就台灣產業新的成長動能。

篇三

巴黎協定─工業地平線
勇於面對，不怕改變

張安平
（臺灣水泥董事長）

”碳稅常會讓政府覺得這是課稅可拿來用，碳稅其實不能讓政府當一般稅收使用，因為它是唯一可以檢視國家減碳成效的方法，而不是一個預算。“

人類需轉換思維，是迷途知返的機會

到底如何減碳，我認為二十一世紀是人類迷途知返的時機，而巴黎協定是工業的新地平線，因為只有這協定看見未來，台泥也因為這協定知道要轉變。新冠病毒、碳排放的來臨宛如是一個大洪水，現在要做的一個大的方舟，讓全世界的人都搭上去。**無論是將來的病毒或者是碳排放，已經不是單一國家的事情，跟政治形態、政治思想、人種、地方都沒有關係，這次大家要一起走。人類世代轉換最重要的是思維。**現在資本主義主要的思維是浪費資源，消費等於浪費。像是食物、農業的碳排放約佔一五％，但農業生產約有三分之一浪費丟棄，導致浪費三分之一的碳排放。

事實上在工業革命前往日的經濟本就是碳脫鉤，碳的產生是工業革命後的事情。不只碳源、排放等關乎個人跟大自然間新的關係，社會需重建立和諧。我們從來沒把人看成地球的過客，但事實上人類只是地球的過客，人真的發生所謂的智能，也不過才六、七萬年，怎麼覺得人類可獨享光的普照、水的滋潤，但現今我們真的獨占這些資源。今日的地球是人類由始以來消費最多的狀態，更恐怖的是這樣的消費尚有國界的分際。如今啟動要做保護的措施，保護措施真的不是人類的善舉、美德，我們會做保護，是想要生存下去，可是在講生存時，又要想生活品質，這真是一個大議題。

想過怎麼減你的碳排放嗎？二〇三〇年要減到五五％，大部分的民眾認為減碳是工業的事，其實根基於每個人。用手機打三分鐘電話，一年約增加四十五公斤的碳排放，知道一棵樹可以固碳多少嗎？一棵樹固碳十五公斤，打三分鐘電話需要三棵樹來固你的碳，這時你就知道需要改變生活型態到什麼地步了。過去工業時代無論是技術、人力、規模也好，工業時期主要追求產量、效率，是因為只追求產量、效率，造成了人們對天然資源的掠奪跟污染。現代社會有新的技術、知識，更重要的是必須有進步的觀念。人類留下地球的傷害包括溫室氣體、污染，都是傷痕，必須現在著手修補、乾淨化。

減碳承諾可貴 實踐可不簡單

現在世界的局勢有兩個護照對人類很重要，第一個是疫情護照，沒有疫情護照不能旅行，第二個是碳排放的護照。舉例：燒煤是二氧化碳排放，燒一塊木頭也是二氧化碳排放，兩種有不同嗎？就因對這件事情不夠瞭解，一個是溫室氣體另一不是，因為木頭一生固定下來的碳，幾乎能平衡掉木頭燃燒時排出的碳，木頭在這個環境裡持續循環而不是溫室氣體，這些基本概念，如果不改變思維的話，是無法降低碳排放的。

碳中和目的為人類的永續，談生產方法、貿易行為、商業行為、資金流向，金管會提出綠色金融、氣候金融運用市場機制引導經濟邁向永續發展，如果是高碳排放就傾向不投資。但全部不投資是錯誤的，重點要投資願意進行改善的人，須盯緊氣候變遷有效的降低氣溫，而不是投資持續惡化。

全世界只有巴黎協定是有史以來少數被一百五十七個國家認同的協定，這個協定跟其他協定不一樣，有真正的數字、有規格化可換算、經營、按部就班的要求承諾，一步一步向碳中和實踐進行。這個承諾是可貴的，因為它的實踐困難，如果承諾簡單的話就不可貴。

碳稅常會讓政府覺得這是課稅可拿來用，碳稅其實不能讓政府當一般稅收使用，因為它是唯一可以檢視國家減碳的成效的方法，而不是一個預算。台泥曾做過研究，一則是設定碳稅每年增加，一則是設定減少碳的額度，兩個研究結果顯示在五年內減少碳額度效果比增加碳稅的效果好四〇%以上。台泥進軍歐洲市場時跟現在的碳額度差了三分之一，當時歐洲的碳價約二十塊，現在已達到六十塊，且會繼續往上升。

碳抵換機制的「碳權」透過減碳專案，計算出少了多少碳，是一個被開發出的商品，碳權要做到真正碳結合，歐洲已有一套碳結合的方法，美國也有，要讓台灣也有一套，讓產業知道我生產這瓶水需要多少碳，現在大部分的產業都沒做到。每一家都要做到是不可能的，至少在某一個尺寸上要有基礎。行動要改變，不是簡單的事，不能單靠一個國家、單靠一個產業、單靠一個團體，是每一個人都必須完成的任務。

篇四

加速跨部會協調 因應協救產業供應鏈

蔡練生

（時任中華民國全國工業總會秘書長）

”問題在於大型企業或許有能力因應，但太多的中小企業根本沒有因應能力，這是他們產生焦慮的主要原因。為呼應國際減碳的趨勢，產業界國內大廠都已串連組織台灣氣候聯盟，除主動承諾減碳目標也帶領供應鏈廠商投入，共同倡議減碳。“

碳中和產業需政府關注 步調要快

談產業轉型創新，我個人比較關心的還是產業的因應。最近全球遇到太多變化，大家還沒心情談創新，馬上要面對二〇三〇、二〇五〇年的碳中和，產業界非常焦慮。工總從二〇〇八年開始每年發表工總白皮書，已邁入第十四年，媒體發現今年白皮書大篇幅的談碳中和，立法院也好奇，民眾黨蔡壁如委員找我討論，發現產業步調跑得比政府還快。工業總會巳安排十月一號，探討產業如何邁向碳中和，台灣如何訂碳定價、盤點資源，如何協助中小企業共同因應，有七百多廠家參與。

全球現有一三四國家宣示二〇五〇年達淨零排放目標，蔡總統同樣宣示二〇五〇淨零排放。全世界有三百多重要企業參與，在二〇五〇年以前達一〇〇%使用再生能源。工業總會的一五八個產業工會，無論石化、紡織都面臨來自國際大廠減碳或使用潔淨能源的要求。對製造業，不但要面臨全球供應鏈重組的趨勢，也必須善盡企業社會責任，在生產的過程中推動綠色製程、減少碳排放。

自中國大陸習主席透過視訊在聯合國大會承諾不再興建境外的煤電，引起全球討論。大陸為達到碳中和目標全面施行能耗雙控，採取無預警大停電包括台商集中的福山、蘇州等的十個省市，這措施對我台商影響很大，從這也可看出大陸推動碳中和的決心。除碳中和的目的，中國大陸也思考不成為低價商品的製造中心，並可視為中國即將在蘇格蘭格拉斯哥的聯合國氣候峰會的正面回應。

全球供應鏈都受衝擊 準備不及被淘汰

全球製造業的供應鏈環環相扣，我國產業或政府要盡早因應的淨零趨勢。台灣希望達到二〇五〇年的淨零碳排放目標，當務之急不僅是能源部門的積極轉型，甚至在整體的產業結構、社會生活習慣都必須要徹底改變，像能源部門必須要加速發展再生能源，交通部門必須要建置綠色交通，住商部門必須要規範耗能建築、推動綠建築，產業要朝向低碳轉型升級，政府應該提淨零排放的永續發展政策目標來因應國際趨勢。

面臨的第一個問題就是歐盟即將在二〇三〇年課徵碳關稅，經濟部王部長說對台灣的衝擊不大，我們現在對歐盟的出口大概佔總出口的八%，但個人認為它的影響絕對不只此，因為歐盟執委會提出碳關稅計劃（CBAM）預計二〇三〇試行，至少輸往歐洲的業者，馬上會受到衝擊，跨國企業像是Google、Amazon、Microsoft、Apple、Facebook也已開始因應。台灣產業若不能及早準備，恐將被屏除於全球供應鏈外。

「抓大放小、以大帶小」上下游共同努力

問題在於大型企業或許有能力因應，但太多的中小企業根本沒有因應能力，這是他們產生焦慮的主要原因。為呼應國際減碳的趨勢，產業界國內大廠都已串連組織台灣氣候聯盟，除主動承諾減碳目標也帶領供應鏈廠商投入，共同倡議減碳。很多產業都已進行低碳轉型，事實上鋼鐵業，也是排碳量高的產業，中鋼就不斷和中油談合作，建立鋼鐵業跟化工廠的跨產業合作模式。中鋼也整合二十二家協力廠商共同發展國產化的離岸風電，從清潔能源著手進行減碳工作，透過群體作戰大廠帶小廠的合作模式，**以中心－衛星概念「以大帶小」**。**有見台灣排碳相當集中，扣除電力業外，在兩百家企業排放量佔整體製造業之八〇%情境下，政府應「抓大放小」**。

在減碳的目標下企業轉型跟產業升級無論是在製程、設備或者技術改善，都需要產業上中下游來共同努力合作，否則當各國推出碳稅等措施，以外銷為主的廠商會迅速失去競爭力，尤其為數眾多的中小企業必須靠政府協助、大企業帶頭來推動減碳工作。

盡速修法 接軌國際引領企業

為達成碳中和目標，工總的幾點建言：政府需加強「明確的綠色成長戰略與對應資源」、「健全政策法規」，儘速完成《氣候變遷因應法》，法規內容包括減碳目標、路徑期程、部會權責、碳定價制度、碳費用途、管理及執行方式、低碳技術、獎勵誘因、政府民間合作模式、諮詢機制等項目。

另有三項建議是：「環保署和相關部會儘速建立碳定價、碳排放交易機制」、「強化跨產業別的整體輔導措施，鼓勵和輔導企業從事低碳營運模式和製程轉型」、「重新檢討國家能源政策」——不應僅將目標侷限於二〇二五年非核家園，對於任何降低碳排放能源保持開放態度。我國去年二氧化碳總排放量達二億五七四三萬噸，其中電力業排放就超過一半，以台電排放九二六六萬公噸最大宗，每度發電量所產生的二氧化碳排放量，跟發電結構使用的燃料有關。因此只要降低發電中排碳，就能讓減少國家溫室氣體排放。

當然業者也有些必須要努力的地方，首先，產業界在減碳應該納入循環經濟的思維，以此引領企業採行最適合的投資的決策。產業應該完善的組織溫室氣體排放量的工具，並將它內部成本化，將相關的作法推展到它的供應鏈廠商。最後是產業應該要有節能、儲能、智慧系統整合為主軸，業界需要與學界、各單位合作提升碳中和相關技術的成熟度。

篇五　不只淨零更要「淨負」排放

蕭代基
（中央研究院經濟所研究員）

”為了二〇五〇年做到不要升溫超過一．五℃，我們要急速的下降，然後到了淨零排放之後還要一直下降。綠色的部分是負排放技術，主要就是被自然封存的各種技術，這個量非常的大，如果我們現在就開始減量，這樣成本會是比較低的。所以未來不管怎樣都會進入淨負排放。“

淨零排放後是淨負排放 為了後代開始準備

首先在淨零排放，IPCC的報告指出，淨排放量有四個行徑（如圖），二〇五〇年要做到淨零排放，這個圖每一條線都要歸零。而二〇五〇年之後的世界是淨負排放，需要淨負排放才可以做到溫升不超過一．五℃的目標，現在我們這個世界上大家都在淨零排放，我在這裡提醒大家不要忘記淨零排放做完之後是淨負排放。淨負排放比淨零排放還要困難，那我們現在就要開始準備。

為了二〇五〇年做到不要升溫超過一．五℃，我們要急速的下降，然後到了淨零排放之後還要一直下降。綠色的部分是負排放技術，主要就是被自然封存的各種技術，這個量非常的大，如果我們現在就開始減量，這樣成本會是比較低的。所以未來不管怎樣都

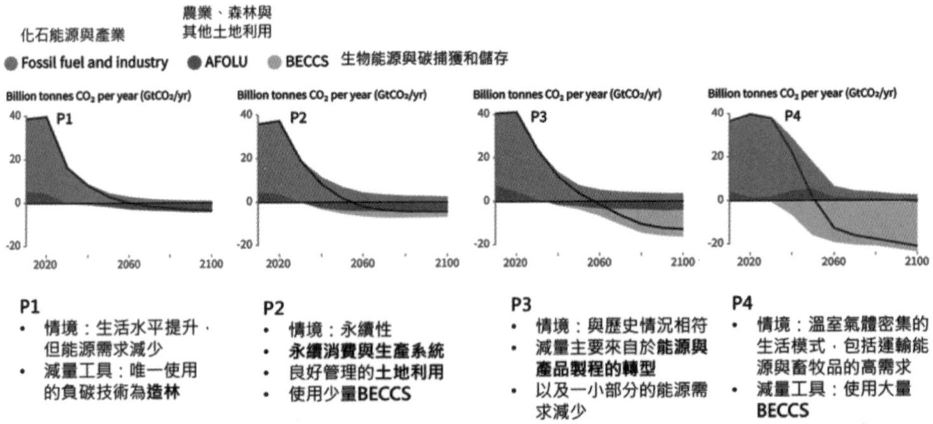

化石能源與產業
農業、森林與其他土地利用
Fossil fuel and industry
AFOLU
BECCS 生物能源與碳捕獲和儲存
Billion tonnes CO_2 per year ($GtCO_2$/yr)
P1
P2
P3
P4
40
20
0
-20
2020
2060
2100
P1
• 情境：生活水平提升，但能源需求減少
• 減量工具：唯一使用的負碳技術為造林
P2
• 情境：永續性
• 永續消費與生產系統
• 良好管理的土地利用
• 使用少量BECCS
P3
• 情境：與歷史情況相符
• 減量主要來自於能源與產品製程的轉型
• 以及一小部分的能源需求減少
P4
• 情境：溫室氣體密集的生活模式，包括運輸能源與畜牧品的高需求
• 減量工具：使用大量BECCS

資料來源：IPCC（2018） Global Warming of 1.5℃ .

會進入淨負排放。而 IPCC 報告裡面的幾個觀念就是碳預算，碳預算的定義有剩餘的碳預算這個觀念，所謂碳預算就是如果我們為了避免溫升超過一．五℃，大氣中還能夠容許排放的溫室氣體的總量，我們一定會把用完而且用到負值，那就變成了碳債。因此，我們對後代欠了一個債，那我們欠債的人要還債的話，我們現在就要存錢，讓後代能夠有辦法生存下去。

我們剩餘的碳預算目前大概是四二〇 Gt（gigatonne，十億噸）的溫室氣體，全世界一年大約排放四二 Gt，超過十年就用完，所以實在很短也一定會進入碳債。那碳債的問題怎麼辦？我們現在就應該要存起來，建立一個基金，**那基金哪裡來？最好的來源是碳稅，而且是高碳稅，像歐盟價格是歐元六十塊差不多是台幣兩千多、三千塊的碳稅，這裡面收的碳稅大部分都應該存起來放在這個基金，讓後代人使用**，所以負碳經濟現在就開始要準備了。很重要的觀念是除碳的責任，就是現在排放一個碳，就要未來有除一個碳的責任。

二〇五〇機會靠政策 轉型靠研發競爭

中研院研究團隊完成一個研究的基本結論，就是要在二〇五〇年做到淨零排放是可以做得到，可是要用到所有可行的政策工具，並要促使所有的部門來轉型才能做到，採取的幾個政策有碳稅、綠能政策、管制化石能源的發電、電動車、能源密集產業的轉型、負碳技術。最後就是我們的模擬結果是可以做到，需要採取所有可行的正確策略，並促使所有部門轉型，而且經濟還是持續成長、社會公平然後環境達到淨零。

政府如果幫助產業面對這個壓力，這是最大的一個問題，那我這裡提出跟剛才蔡秘書長不太一樣的觀念，我引用波特假說，如果我們要讓廠商有競爭力，不可以把它擺在溫室裡面，也就是政府不要保護它，應該讓廠商像一棵小樹，讓他在風吹雨打的情況之下生長，他才能夠去面對新的國際競爭，建議經濟部、工總能夠採取這樣的政策。我們的產業重點是研發，面對競爭研發才會有國際競爭性。

篇六　與談問答

Q：在錯誤的政策、理念沒整合、推動力量不夠下，民間工總扮演產業轉型的是保護，但又需有突破性、破壞性的創造力出現。在這過程中的矛盾、轉變、整合，我們是否可有五年訂定目標？或是激勵方針？

A：

蕭代基（中央研究院經濟所研究員）

我覺得在台灣最主要的利益團體或是壓力團體還是工業、科技產業，有很多大的企業像是台積電他們成立了一個聯盟，最近也做了減碳宣示，國際型大企業都有能力因應。重要的是中小企業很惶恐、不知道該怎麼辦。當然政府會做輔導、幫助他們做點事。目前修法、立法的這階段，不能夠讓顧慮把腳步變得遲緩，需要有國際競爭力的概念來正看這問題。

蔡練生（時任中華民國全國工業總會秘書長）

談到的二〇五〇年可達到目標，關鍵是石化能源必須消失，但現在石化能源佔了八〇％再生能源二〇％，如果沒有勇敢一點，顯然目標要達成可能是比較難，因能源現在佔的碳排放比重是最高的。另外，我們並沒有管制碳稅，問題是在處理時，政府應有一些通盤考量跟配套，溫室氣體減量是環境、經濟、社會的問題，有關碳費的費率、減免的配套，應該要由中央目的事業主管機關報行政院核定，或是與他國公平原則，分配的額度不應該由單一對象被課稅。**應該整體看待，各個部門包含交通部應該要一起考量，電力系統排放超一半，電力脫碳目標要追踪，而不是只檢討工業。**

張安平（臺灣水泥董事長）

歐盟規劃二〇二三年開徵碳關稅，歐盟開始後就會帶動美國實施，美國會帶動日本、中國實施。基本上，我們可能在四年之內會遇到碳稅。但我還是要強調碳稅不是給政府補預算使用，而是要專門拿來做碳排放的減量。現在國內大企業的態度要明確，像台泥的經驗，我們已經要求所有供應商在三年內知道碳足跡，可是如果政府不主動要求要知道碳足跡，大部分的人心態多一天算一天。沒有碳足跡就沒有辦法開始，可是到現在為止大家還在談碳稅，但不做碳足跡，供給端如何計算？應該務實做的先做，不做就是全部談假的。

葉惠青（新北市政府前副市長、前能源局長）

第一個減量期是二〇二〇年回到二〇〇五年，沒有做到。第二個減量期是二〇二一到二〇二五一樣要有目標，這目標到目前還沒訂定。現在來看，要達成目標有點困難。廠商是出口到歐盟，在二〇二三年馬上開始要申報，廠商不知如何申報，所以二〇五〇年要達到淨零是困難的。方法、思維要改變，張董事長提到的碳權的效果大於碳稅，這方法是很重要的。

溫管法的方法要改，列管的項目跟產業實際上完全脫節。當彰化要蓋石化廠吵得很厲害，我在英國問他的氣候變遷部，像這樣子高耗能、高排放的石化產業要不要蓋？他的答案很簡單，他說如果可以拿到碳權就去蓋，這是基於清楚的制度支撐。做到總量管制、標售，所有的產業包含鋼鐵、水泥、石化也可以蓋，因為控制在一定的水準之內，並沒有什麼特別的，所以方法要改變才有機會達到目標。

篇七　結語

決心、協商、真正的行動

二〇二一年九月二十八日「氣候變遷 零碳賽局－減碳、立法、產業」籌備數月三場研討會與會人士共同呼籲：

一、在國際情勢日趨嚴峻之際，減緩及因應氣候變遷是全國應關注、重視、建立機制及刻不容緩的重大課題，在此關鍵時刻，政府應展現具體回應的政治決心。

二、台灣應參酌國外立法經驗與實例，將二〇五〇淨零排放之目標入法，並授權擬定路徑、程序與做法，依據國家體質與發展目標，由立法院儘速於近期內，共同制定能彰顯國家尊嚴的氣候立法。

三、整合相關部會（包括金管會、教育部、科技部等），賦予分工協力的權責，協助轉型，強化或改造各級政府之行政組織與機制，界定中央與地方政府權責，並加強企業與公民參與。

四、因應二〇二六歐盟實施碳邊境調整機制，政府應儘速會商相關部門，評估對於台灣外貿衝擊，加強宣導，在公平合理與鼓勵企業轉型的原則下，研擬與實施「碳足跡」、「碳定價」、「碳交易」及「效能標準」等措施，並結合不同商業模式，發展「碳權系統」架構下多元創新的產業。

五、研究提供財務機制，鼓勵產官學民合作，建立綠色金融體制，提供經濟誘因，引領與鼓勵綠色投資、低碳產業、循環經濟及負碳社會之建立。

六、持續推動氣候變遷之研究，關注與善用最新科技，並提供社會溝通與對話，推動以科學為基礎之立法與決策。

七、氣候立法應納入「氣候調適」之專章，整合與落實各部會相關措施，建立衝擊分析、具體策略與管制考核等機制。

八、建立強而有效的教育及文化機制，結合宗教與教育等部門，改變人類觀念與行為，包括能源、消費及生活方式，追求永續發展之核心價值。

九、尊崇跨世代公平正義，將「脆弱族群」、「氣候人權」納入氣候決策與立法之中，以呼應聯合國環境與氣候相關宣言及倡議之精神。

十、持續回顧與前瞻，滾動修正氣候變遷之政策、立法與措施，建立「韌性家園」。

第五步

化工產業低碳營運策略機會、挑戰

（研討會紀錄整理 二〇二二年四月二十日）

前言

永續循環經濟發展協進會
中技社
台灣化學產業協會
余紀忠文教基金會

石化產業在二十世紀初，是供應人類社會發展最重要的能源。而今在氣候變遷下，首當其衝必須面臨轉型的壓力。究竟，現階段石化業轉型的現況如何，且看國內外產業專業經理領頭羊及化工專家們，細述轉折中的治理挑戰、剖析科研的前瞻。

自巴黎協議，全球石化產業於二〇二三年之前必須低碳排，說來容易但成本高，綠色轉型利潤仍非常低，而歐盟已宣布，二〇二三年起開徵碳關稅。對於化學產業低碳營運策略中，使用低碳能源、提升製程效率、負碳技術（碳捕捉與再利用技術，CCSU），是各國主要實施淨零碳排採用的策略，企業界需盡早符合全球趨勢，掌握化工產業低碳營運策略，設定實施可行碳排路徑、減少碳排放量，善盡化學工業的社會責任。且聽台塑、中油、李長榮與外企專家，如何把握機會與挑戰。

綠色能源推進本是艱難的，政府必須從方向、觀念上負起規劃藍圖挑起責任，與現有扎實的技術基礎及參閱國內外的推動經驗結合。

更須將循環經濟列入施政方針。

篇一　低碳製造與碳捕捉利用（CCSU）的現況暨展望

談駿嵩
（清大化學工程學系榮譽教授）

”
未來的生產需環保、符合綠色化學，生產方式現需要綠色原料，同時要求綠色製程，與水足跡、循環經濟的概念，另外生物科技亦是未來重要的發展方向。
“

未來化工業界要符合永續經營，理念要變動；因必須就經濟、能源、環境、社會責任能同時達到標的。在石化原料來源上，除過去的石油外，生物來源、二氧化碳衍生物、以及塑膠降解都會變成主要原料。另外，能源來源過去依賴化石能源，未來是綠色能源為大宗，包括風電、太陽光電以及不含碳的能源；包括H_2（氫）、NH_3（氨）、生質能、燃料電池及儲能。

未來的生產需環保、符合綠色化學，生產方式現需要綠色原料，同時要求綠色製程，與水足跡、循環經濟的概念，另外生物

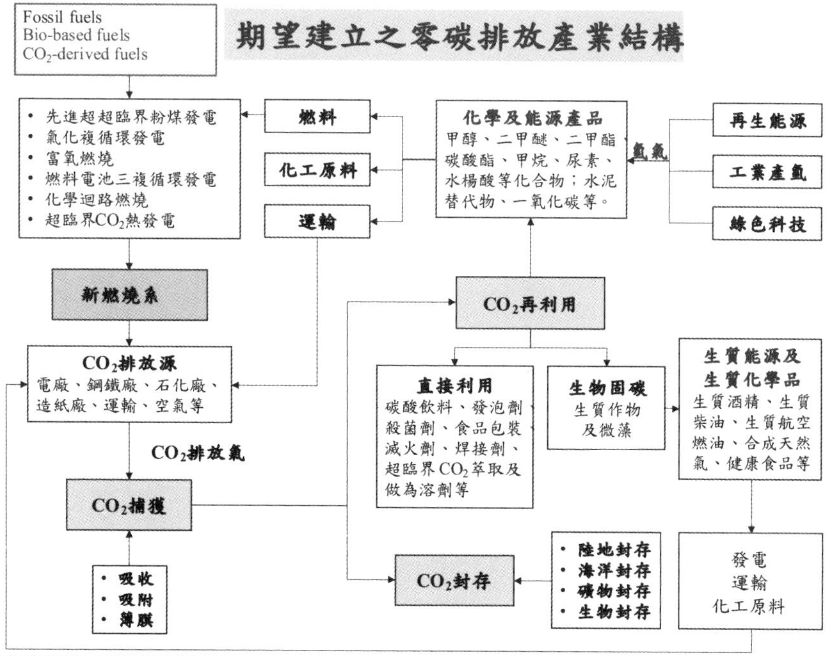

資料來源：談駿嵩教授

科技亦是未來重要的發展方向。製程要求面向，除大家耳熟能詳的 ISO 14067 碳足跡（Carbon Footprint）外，很多材料必須符合綠色化學的規定，不能用到毒性化學品，同時希望是可以生物分解的化學物。過去的化學產品產業多是傳統產業，今後重點產業，包括半導體、光電、封裝，及未來新興產業也將陸續需要製程轉變，包含車用、儲能、5G 等材料開發，工業局亦將提供經費前瞻研發。

以上於二〇〇九年～二〇一九年，我擔任科技部補助長春集團和清大合作產學聯盟主持人，建立的零碳排產業結構。主要研究 CO_2 捕獲（包括吸收、吸附、薄膜）、封存、CO_2 再利用（直接利用以及生物固碳）等。

一、包括化學吸收法的研發方向、吸收劑配方的組成、降低腐蝕及揮發性、抗氧降低 SOx 的影響、製程與操作的最佳化、吸收塔中填充物、再生塔、高速旋轉塔（RPB）等。

二、CO_2 碳捕捉：固體吸附技術，如：新型附劑開發、嫁接、製錠、低耗能；工業捕獲製程：鈣迴路捕獲 CO_2 製程的反覆使用、鹼性廢水配搭轉爐石等。

三、薄膜技術：新型高分子薄膜、斥水性膜、無機膜等。

四、CO_2 的再利用：可分為直接利用及轉化成化學或能源產品。

台灣以 CO_2 為原料生產的碳酸乙烯酯、聚碳酸酯及醋酸，年產值達二二〇億台幣，每年消耗二十七萬噸CO_2以符合碳循環經濟概念。以CO_2為碳源生產的甲醇、甲烷、二甲醚等，這些產品若能取代石化燃料，因市場需求大，也符合循環經濟概念，更有生物技術，如：藉由代謝工程、基因改造的大腸桿菌、藍綠菌是值得重視的研究項目。富含油脂的生質物料，可製備生質燃料，如：生質柴油及生質航空燃油，此已是國際航空組織，面對能源訂定之目標。

在清大近二十年間的研究，與中鋼建立的捕獲試驗工廠，以研發出的RPB（吸收填充塔跟固

清大建立之CO_2捕獲試驗工廠
清大化工
吸收固定床
RPB 吸收填充塔
曾建立於中鋼公司，每日可捕獲0.1噸(4公斤/h)的CO_2，旋轉床體積只需固定床的1/3。
吸收固定床
吸收劑儲槽
RPB 吸收填充塔
PB 再生填充塔
曾建立於台塑石化麥寮廠，每日可捕獲2.2噸的CO_2 (92公斤/h)，再生能耗< 3.0 GJ/ton of CO_2。
建立於長春化工， 每日可捕獲 0.175噸CO_2 (7.3公斤/h)，且再生能耗< 2.8 GJ/ton of CO_2。
建立於清大實驗室，每日可捕獲9公斤CO_2，可測試新吸收劑配方並得到最佳操作條件。

資料來源：談駿嵩教授

定床）對比，體積是三分之一，效率比固定床好。團隊又再與台塑石化、長春經過修改，兩個吸收塔承裝。在清大實驗室的規模每天可捕獲九公斤 CO_2。以上這已是二〇一六年的數據，現在每家公司都已增進捕獲效率跟能耗。

截至二〇一六年，全球大概有二十七座 CO_2 捕獲工廠，計一百萬公噸以上的二氧化碳，因於二〇三〇年前二氧化碳的捕獲仍以化學吸收為主。挪威 Sleipner 從一九九六年開始捕獲，加拿大 Boundary Dam、美國 Petra Nova 在二〇二〇年從燃煤電廠捕獲二氧化碳是最具規模者。由於油價上漲，Petra Nova 去年已停用，二氧化碳捕獲的成本非常大。日本 Japan CCS 在二〇一六年捕獲十萬公噸的二氧化碳，Sleipner 跟 Japan CCS 比較側重的是二氧化碳地下儲存。

篇二 化學產業減碳技術與二氧化碳再利用

陳哲陽（工研院材化所副所長）

"全世界很多重要品牌商的生產商、製造商、供應商都在台灣，假如品牌商的政策目標已經訂這麼清楚，如做不到，市場就必須拱手讓給做得到的國家，這就是面對的挑戰。"

減碳是我們必須要面對的責任，世界自去年英國格拉斯哥會議，各國皆已訂定目標，從歐盟、德、英、到亞洲的日、韓。今年三月三十日台灣政策目標也已公告，到二〇五〇年同樣要零碳排。

全世界的品牌都非常敏銳，因國家政策已擬定，消費者趨勢也確定，品牌商也都將碳中和列為公司政策的目標。從蘋果、Adidas、Nike、HP等，還有紡織的國際聯盟都已訂目標，對於台灣將面對很大衝擊。全世界很多重要品牌商的生產商、製造商、供應商都在台灣，假如品牌商的政策目標已經訂這麼清楚，如做不到，市場就必須拱手讓給做得到的國家，這就是面對的挑戰。

挑戰有多大？二〇二一年台灣的工業總產值一年是二十三兆台幣，有十三兆多產品輸出國外，今天不做，會受到多大的衝擊？台灣很多產品是全球第一，半導體是全球第一、PCB（印刷電路板）產業也是全球第一，全世界機能性紡織品七〇%是由台商製造供應，國際主要運動鞋品牌（Adidas、Nike）都是台灣廠商製造。這些產業都是靠台灣石化產業、化學產業支撐，倘若大趨勢已清楚，石化產業、材料產業能夠供應製造商低碳、零碳的材料，可讓我們的產業在全世界更有競爭力。

二氧化碳吸收要再利用，工研院目前也發展了一些新觸媒，比如說 CO_2 可以做成甲烷，已有商業化規模的價值。像中鋼有很多的 CO、CO_2 可以做甲烷跟甲醇，目前也在做驗證。除較大宗的原料（甲醇、甲烷）外，其實還有很多應用也可利用 CO_2，舉例；CO_2 做塗料、樹脂的應用、發泡等。CO_2 是個很好的料源，它做的東西，不像傳統的 PU（聚胺酯），沒有刺激性而且耐磨性更好，所以除大宗的產品，CO_2 也可製作高附加價值的產品。

除 CO_2 的利用之外，推動循環經濟石化原料從廢塑膠來降低碳排放。過去都是把廢塑膠拿去燒掉、埋掉，這是有問題的，燒掉的碳排量是高的。現在國外發展利用熱裂解技術，把塑膠當成原油的料源，經分析，把廢塑膠拿去燒，不如將它作為料源，可減碳排少五〇％以上，對物理回收、化學回收都有很好的效果。

另外一重點是生質的材料，用植物作為材料，從空氣中吸收 CO_2，再轉換成料源。用生物質來做的材料，可以減少四〇％~八〇％的碳排，以前做一個寶特瓶，傳統是挖石油用 PET（聚對苯二甲酸乙二酯），未來是種植物做的寶特瓶。改用木薯皮廢料做的寶特瓶，叫 PEF（聚呋喃二甲酸乙二酯）的寶特瓶，它比傳統的寶特瓶更好，它阻氣、阻水的效果是傳統寶特瓶的三到十倍，可以更薄、更輕、用更少的原料。這瓶子全世界已經有幾家公司做，其中一個是台灣一家公司跟工研院共同合作的，台灣在世界上有許多可競爭的特色技術。

結語

零碳是全球必然的趨勢，對台灣是危機更是轉機。歐洲智庫預估，在二〇二〇年全世界的狀況大概八四%都是來自化工產業，提煉原油做出來的衣服、瓶子、鞋子，但到二〇五〇年以後，這情況會大幅度改變，大約五五%來自循環再利用，大概各二五%是來自 C02-based 以及 Bio-based，這是可期待台灣必須要去努力的目標。

篇三

優油、減碳、潔能三策略
「風、光、熱、海、氫儲、匯」全面展開

蔡銘璋

（台灣中油煉研所所長）

”根據國發會的規劃，到二〇五〇年我國有六〇%到七〇%的再生能源，因為再生能源的不穩定性，需要儲能，包括相關的儲能材料也是議題。最後是匯，就是碳匯，因剩下的碳沒有辦法移除，可能要靠 CCSU 的技術來排除。“

首先第一個講策略，所謂策略就是說怎麼樣因應，現在我們也會面臨到幾個議題，第一個是有關電動車的議題，第二個塑膠汙染的議題，第三個是面臨到二〇五〇零碳排的議題。

中油公司目前的永續策略：大概是三個面向，第一，所謂的「優油」，就是怎麼去優化油品的價值鏈，根據報導預測，包括像油品的銷量，預測到可能二〇五〇年的油品，包括汽油，可能只剩下二〇〇萬公秉（目前大概台灣一千萬公秉），以中油公司為例，因應方式為推COTC（直接原油製化學品），目前我們的化學品產率大概一七％，全世界較高的產率大概可達到七〇％，後續需思考如何將原來的油品製造燃料外的產品，提為高值材料。

第二個部分，是有關減碳，大約自二〇〇五年以溫管法當作基準年，中油公司整體碳排；總共是一一五〇萬公噸，持續減碳十五年，去年盤查二〇二〇年已降到七一一萬公噸，所以相當減排了三八．六％，等於一年減超過二％，目前仍持續在做，雖然困難還是要做。現在可引用AI、大數據分析，我們與學界、法人一起合作，是可以致力的方向。

第三，進口碳中和原料—LNG（液化天然氣）和乙烯。中油在一〇九年、一一〇年進了五艘碳中和的LNG液化天然氣船，每船LNG重量是六萬噸，每船碳中和LNG原料可降低CO_2二十萬噸，所以五船碳中和LNG共計減一百萬噸CO_2。中油一一〇年也進口九千四百噸碳中和的乙烯。

最後是潔能。之前經濟部曾文生次長提到能源轉型有幾項關鍵，就是「風、光、熱、海、氫儲、匯」。所謂的風就是風電，中油先加入投資，因為對我們是相對較不熟悉的。光就是太陽光電，中油適用電大戶的條款，契約容量有二四〇MWh，所以一〇%的綠電等於是二四MWh，中油在各個廠域都建有太陽光電設備，如能在明年設置完成，大概可以達一〇%的綠電。

熱就是地熱，因中油本身有探勘地熱，原來探勘的核心技術現在用來做地熱也是強項，這一部分除自己做，也參加 Bill Gates 投資的 Baseload（倍速羅得公司）在花蓮紅葉村準備在二〇二三年有二．四 MWh 的地熱發電。海的是海洋能中油目前還沒涉獵。氫儲的部分，氫是一個潔淨能源，根據國發會的規劃，到二〇五〇年我國有六〇%到七〇%的再生能源，因為再生能源的不穩定性，需要儲能，包括相關的儲能材料也是議題。最後是匯，就是碳匯，因剩下的碳沒有辦法移除，可能要靠 CCSU 的技術來排除。

給政府的建議

中油 CCSU 的目標是二〇三〇年要去抓一百萬噸的 CO_2，其中儲存大概是七十萬噸，端看整個生產過程，如要封存，到底要封存在哪裡？政府同不同意？包括居民的意見都是要去考量，希望「德不孤，必有鄰」，減碳絕對不是單一公司有辦法獨自承擔，而是要結合整個產業的產學研互補，產業以大帶小，找出方法一起共同解決。相信技術會進步，一起努力，目的就是淨零永續。

篇四

引進國際負碳技術
台塑紮穩基礎步步減碳

曹明（台塑石化總經理）

”每個公司要減碳就先要了解自己的碳排量是多少，了解的碳排量後（因為經過認證要花一段時間），不管範疇一、二、三都一定是一步一步來。應把自身公司搞清楚後，再看看相關產業裡有哪些在經濟上、技術上可行，再規劃來做。“

我從中油退休後去台塑。在中油的時候，很早重視二氧化碳的吸收、排放，那時就與金屬工業中心共同研究二氧化碳吸收跟利用，早期這案子是 CO_2 吸收後拿來養藻類，選好藻類要做什麼？當時覺得藻類有豐富的脂肪，可做生質油料，但最後養成的藻無處可用，只好燒掉。

到台塑之後，跟清華大學的談駿嵩、中興大學的盧重興及成大陳志勇教授們合作，做二氧化碳的吸收，及如何利用最低耗能減少碳排技術。吸收的方式主要是化學物理的吸附，並研究如何降低成本。

台塑跟中油都是做上游塑化，台塑因下游結合，他的碳排量含發電。能源在台灣佔碳排量的六六．九%，所以台塑系統針對不管是賣電或是公用，都在規劃如何省碳排。省碳排就是剛剛講的吸附、生質能源或是改用天然氣等，當然有其他的方式。

每個公司要減碳就先要了解自己的碳排量是多少，了解的碳排量後（因為經過認證要花一段時間），不管範疇一、二、三都一定是一步一步來。應把自身公司搞清楚後，再看看相關產業裡有哪些在經濟上、技術上可行，再規劃來做。

真正要做到淨零排放，講句不客氣的話，把工廠關掉都還沒有淨零排放。有這麼多的人、運輸工具，運輸工具就在碳排佔一二%～一四%，所以了解自己產業，然後跟別人合作買新的技術，沒有新的技術到二〇五〇淨零也是做不到的。點點滴滴一步一步，將範疇一、二、三排列出來，購買經過減碳的天然氣、原油的能源來源，這對於將來生產很有利。你的下游也很重要，有關的運輸、下游要去收集清楚，去幫助以大帶小才能達到二〇五〇年淨零的目標。不然光讓中小企業去做，成本被影響，是做不到的。

最後是減碳技術，比較便宜的是開採原油、天然氣是將裡面的 CO_2 回收再打到礦源裡面，這是成本最低的，天然氣大概一噸要花九十三塊美金，原油大概是五十塊到一百塊美金，這個成本比目前的碳匯更高，可是一定要做，所以政府要協助。台灣有儲存的系統，在麥寮的海邊大概有上百萬噸，但台灣是個地震帶，CO_2 打到深海裡面民眾反彈聲量可能會較小。建議這個決定由政府來協助推動，因為政府有較完善的監測儀器，才能給民眾信心。

至於怎麼協助生質能，很多老師都很有經驗，也談到種樹，種樹也有很多規定，不是買棕櫚殼就可以達到目的，棕櫚殼的來源是要沒有殘害森林，有很多的規定，把規定都了解後，有計畫途徑，才來達到節能減碳的目的。

給政府的建議

節能減碳，不只是碳，所有對於環境影響的氣體都包含在內，過程各公司要訂出政策，全力去執行。買國外的技術，只是把學習的路程縮短，要從頭再做，會浪費很多時間跟精力，所以能互相合作最好。循環經濟需要放開心懷，用整個科學園區，甚至包括整個國家的想法，不僅只是一個公司的想法，依此全面推動。我認為淨零排放是很難達成的目標，但仍有達到的可行性。

篇五

期望政府協助石化業綠電需求
研發高值聚丙烯原料

”

洪再興
（李長榮化學董事長）

在整個零碳產品，我們開發生質的化學品，作為糧食食用的玉米代替石化原料，透過深入的發酵製成琥珀酸，琥珀酸再製成生質塑料，生質塑料再製成咖啡杯裡的薄膜或是包材等，這些生質塑膠在常溫下約一百八十天可完全降解。

“

面對氣候變遷、減碳是未來趨勢，尤其最近政府公佈二〇五〇淨零排放的政策目標，李長榮對於減碳從幾個方面，就是從製程中優化、再生能源、循環經濟或是生質材料方面的發展。

那在製程方面，利用AI的數位轉型、數位製造的平台，架構一個比較即時的應用。經過系統的運作，節能減排每年可以達到三八%的降量。另外在製程中的廢水，也透過開發一個深入薄膜反應設備，來降低廢水的排放量，一般九〇%製程廢水都可被回收，而且也能省電，使得在廢水處理的用電量可以降低大約二一%，整個都在做製程的優化。

在能源的方面，我們集團建置太陽能光電，最近也有地熱發電開始運轉，假如能源仍無法負荷，會朝購買綠電的憑證來中和剩餘的碳排量，未來整個石化業碳排減量上，電的方面還是佔很大的比例，所以假若有更多的再生能源，對整個CO_2的排放影響是非常大的。

李長榮創造A廠的廢氣變成B廠的資源；二十七年前就購買中鋼廢棄的蒸汽，作為我們的蒸汽，減少鍋爐的燃燒，降低二氧化碳排放量，透過資源的共享、再利用，這幾年約降低一三三萬噸CO_2的排放量。在製程當中，如何去減少廢氣的排放？就是將製程中的廢氣再回收、投入鍋爐作為燃料，可減少液化天然氣的使用及CO_2的排放，達到整個製程減碳的目標。此外也透過提升人員的使用效率，實質進行設備的汰舊換新、優化設備，朝再生能源的邁進。

在整個零碳產品，我們開發生質的化學品，作為糧食食用的玉米代替石化原料，透過深入的發酵製成琥珀酸，琥珀酸再製成生質塑料，生質塑料再製成咖啡杯裡的薄膜或是包材等，這些生質塑膠在常溫下約一八〇天可完全降解。在琥珀酸的生產過程中，幾乎是零排放的，所以是一個零碳的產品，而且生產也可以節省六〇%的能源消耗。

朝循環經濟的低碳產品發展；因為我們是一個PP（聚丙烯）的製造廠，現在開發回收的聚丙烯塑料，從回收的聚丙烯塑料裡面再製成更高值的原料，這些高值原料含四〇%認證過的再生塑膠，且再生塑膠投入的比例比目前歐盟的規範還要高。我們也開發雙循環的回收製程，把回收回來的半導體製成工業級的異丙醇，異丙醇可再供給油漆塗料、溶劑的使用，在工業級中較一般的產品，透過再繼續創新、研究，嘗試將這些工業級的異丙醇再製造成電子級的異丙醇。更以廢液中的水為廠中的循環再利用，減少水資源耗用。未來還是會持續減碳，朝整個製程的改善、降低碳排、水排或是能源消耗的低碳製程，為二〇五〇淨零碳排努力。

給政府的建議

希望政府協助石化業者取得需要的綠電需求。

篇六　永續目標植入公司策略管理　生產低碳材料

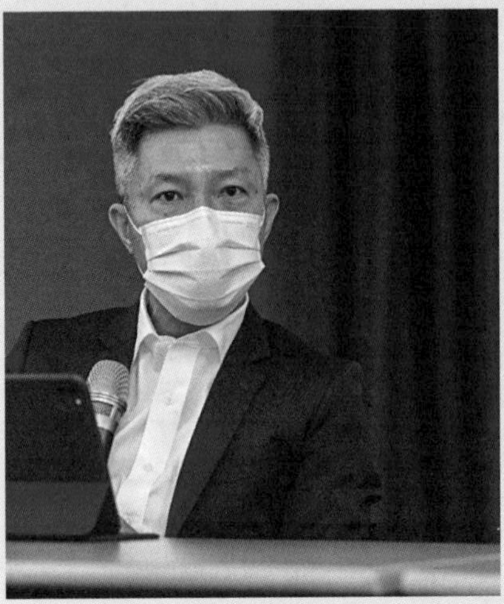

陳偉傑

（台灣贏創 EVONIK 董事長）

”碳中和是非常困難的議題，這不僅是關於技術也是這是關於心態，改變的是公司的文化、整個內部流程，以實現永續性發展。“

減少排放量、碳捕捉是很重要的議題。然而，特別是對化學公司來說，永續性發展更是一個非常困難和複雜的。

EVONIK有三萬四千名員工分別在一百個國家，經營十五條業務線，每條業務線在化學上的應用都非常專業而且不同。永續性發展不是免費的，它的成本非常高昂，因在公司發展上必須盈利，才能拿來再投資，回饋更多在永續性的發展上。

EVONIK是如何做的？第一個是宗旨，三萬四千員工都了解「研發創新、高價值和高效能的解決方案，提升我們客戶的生活品質」是基石，是公司文化。

第二個是，「永續性一定要納入在公司策略管理的一環」，在策略規劃和管理中，納入永續性發展。在我們全球的事業體，每年的計畫、財務目標等都和永續發展有關。永續發展已成為商業策略裡、各個事業體中、營運裡重要的一環，也是發展目標。

第三點，EVONIK管理過程和成果要量化分析、評估和管理，並從計畫初期就開始分析、評估和規劃。透過了解不同化學應用，在不同的國家的永續性發展意義。分析可以知道永續性發展所需要的元素和排序。分析師是掌舵者，第二階層是船長，第三階層是水手、執行者，最後還有把關者。驕傲地說，產品部門是下個世代的領航者，對於永續性發展有真正的貢獻。

最後的重點是關於技術性的面向。在做分析時，要知道產品各個技術的面向，像是在做風力能源發電時，面板、渦輪機等都是很重要的元素，必須在這些元素上也致力永續發展。例如，在製作潤滑油使它的黏度降低，當發動機運轉時，摩擦內部的損失非常小，藉此提高燃油的效能。同時也重視碳足跡，從製造源頭到運送都必須評估，並且對於我們上游供應商的永續性發展認定都非常嚴格。但要如何評估供應商，其實是非常困難的過程，但我們堅持在做，因為當上游就良好把關，才能把這些永續的執行傳遞給下游的廠商。

再次強調，整體來說，碳中和是非常困難的議題，這不僅是關於技術也是關於心態，改變的是公司的文化、整個內部流程，以實現永續性發展。

給政府的建議

第一點，法律層面上的管控是好的，政府也可以透過給予誘因，去支持創新的發展，縮短科技發展的學習曲線。

第二點，致力於生態系，這不僅是一間公司的事情，因為每間公司都會有上游和下游廠商，所以必須努力去影響周遭。從宏觀的角度來看，政府的介入與幫助，有助於使這整個生態系更蓬勃發展、整體的成功。

篇七

深植企業永續文化 提供綠色取代減碳方案

陳慶龍（台灣默克公司處長）

”以前我們把社會跟經濟放在天平的兩端，好像做公益就會犧牲獲利。現在永續的意識抬頭，發現公司有好形象，公司會跟著成長，了解社會跟經濟是同樣重要，永續對台灣默克是非常重要的。“

台灣默克公司碳中和策略就是深植企業永續文化和建立數據，淨零碳排已是全球不可逆趨勢。至三月底有一三六個國家承諾要去做淨零的排放。這趨勢從碳中和、淨零排放到負碳排，已是完全不可逆。

台灣默克在做什麼樣的事呢？第一就是文化；以前我們把社會跟經濟放在天平的兩端，好像做公益就會犧牲獲利。現在永續的意識抬頭，發現公司有好形象，公司會跟著成長，了解社會跟經濟是同樣重要，永續對台灣默克是非常重要的。

第二個是數據；到默克的官網可看到，每年出版一份永續報告，非常詳細告訴我們，永續的目標要到哪裡？查閱去年最新的版本，目標非常的明確，針對範疇一、範疇二我們在二〇三〇年要減碳五〇％，針對範疇三我們會希望降低六〇％，另外我們希望在二〇三〇年能有八〇％生質能。

技術方面可分三塊，第一塊就是製程的改良，在報告書上面會舉一些範例，如何在製程上面做改良。那最明顯的案例就是取代 PFC（全氟化合物），它的溫室氣體效應比起 CO_2 更是達千倍或是萬倍。我們的目標是降低 PFC 用量二〇％，所以在報告書裡會看到，在製程上想往哪些方向做改變。

默克可以跟各位一起合作做什麼事情？默克在低碳材料有三十萬種的產品，三十萬種產品中一千四百種是綠色取代物，我們這幾年在推廣 Cyrene 生物安全溶劑取代 NMP（N- 甲基吡咯酮），還有 γ- 戊內酯（GVL）取代 γ- 丁內酯（GBL）有毒溶劑等，都是較環保的材質。台灣默克非常努力找合作廠商開發、測試，把產能做出來，做出後就可以把產線做大，或是降低成本，是個正向的循環。

默克有一個公開平台 DOZN，是不收費的開放平台，各位可把想了解的化學物品的製程，放到 DOZN 的平台，並設定參數後，平台會根據綠色化學的十二道原則，計算完之後給你一個數字告訴你這個產品有多低碳，透過參數調整，也就是製程未來改善的方式，改善後，你的綠色化學十二道原則算出來的數字又是多少、減多少，所以 DOZN 平台是可以協助各位的。

美國綠色化學十二道原則

一九八八年，美國學者 Anastas 與 Warner 從消除化學污染的角度出發，提出綠色化學十二項原則（twelve principles of green chemistry），受到化學界的重視，如下所示：

1. 防廢：預防廢棄物產生與減少廢棄物處理
2. 思維：應盡量將合成中所用的化學品最大化轉為主產物
3. 低毒：應使用對人體健康和環境較低或無毒物來設計合成方法
4. 物盡：設計保有功效並減少毒性的化學品

5.降輔：盡可能避免使用輔助物質（如：溶劑、分離試劑等）
6.節能：合成方法應在室溫、室壓下完成
7.再生：使用可再生原料非消耗原料
8.簡潔：應減少或避免不必要的衍生反應（例：使用保護基）
9.催化：盡可能選用催化劑，催化劑優於化學當量試劑
10.可解：化學品應設計使用後降解成無害並可分解的產物
11.監測：即時監控有害物質的形成
12.保安：化學過程中選擇可降低危害的化學品物質

給政府的建議

第一點，國發會已公佈二〇五〇年淨零轉型的藍圖，建議公開的資訊說明現在處於什麼階段、細部階段目標與企業如何達成。

第二點，政府要整合各產業誰有氫、碳、熱能、應用，把原料、製造、應用業者結合在一起，結合後做品牌，整個推進的力道就會不同，更有推進力後，一定會有更好的結果。

篇八

無悔淨零課題　產官學研一同努力

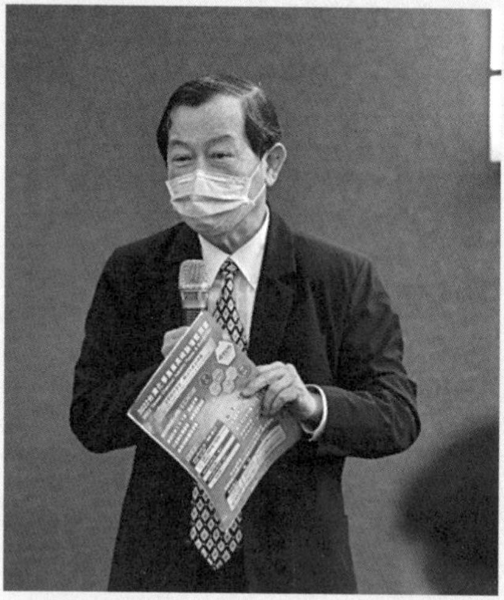

歐嘉瑞

（永續循環經濟發展協進會副理事長）

”

目前產官學研都對「淨零」這課題無悔，因應國際共同的趨勢跟要求，期望石化的上中下游朋友，做到產官學研一起努力。

“

先向中技社、余紀忠文教基金會等主辦單位表達感謝，謝謝在座七位主講者分享實務與因應範疇。自退休後較自在，不少的政府機關都邀我演講、專案計畫的審查、提供政策建議等，都是在談有關淨零的部分。也有的機關，預算需要再報行政院核定，我相信會通過。

二〇五〇年的淨零排放政府總共編列九千億，有未來四年的計畫，非常明確的規劃十個製造業，石化產業的產值大概是佔 GDP 一一％，排放量是佔二四％，這是石化產業的特性，機關在編列預算中，石化產業在前面第一、第二名，比後面的製造業投入的資金多很多。資金就是要為關鍵技術的加緊研發，希望經由關鍵技術帶動上下游產官學研。一方面節能減碳，進而帶動產業。

前日下午參加國營事業的計畫審查，負責各單位也說要淨零，目前產官學研都對「淨零」這課題無悔，因應國際共同的趨勢跟要求，期望石化的上中下游朋友，做到產官學研一起努力。

篇九　談駿嵩教授的結語

1.台灣過去進口原油為原料，生產汽柴油，並建立堅實的化學工業，掌握了生產技術，所以我們的化學工業在國際上有舉足輕重的地位。

2.未來除了原油外，更要規劃使用 bio-based（生物基）、CO_2-derived（二氧化碳衍生）及廢塑膠做為原料，配合再生能源、氫能、綠色工程、循環經濟等技術，建立零碳排化工產業。

3.國內半導體、光電、封裝、車用、儲能、5G 等產業對高品質、高純度的關鍵材料需求殷切，化工產業很多技術，可以積極協助產業開發下世代的材料。

4.台灣要達到淨零碳排的目標，必須推動負碳排 CCSU 技術，建議從生命週期（LCA）及技術經濟分析（TEA）評估出哪些技術與產品適合在國內發展。

5.全世界負碳排 CCSU 技術目前在起步階段，台灣現投入尚不算晚，但因 CCSU 成本會與氫氣、再生能源、循環經濟等都有密切的關聯性，故必須加以結合，配合政策、技術在台灣建立起新興的產業。

第六步

從森林出發 實現低碳世界－尋共識找初心

（研討會紀錄整理 二〇二二年八月二十四日）

前言

余範英

（余紀忠文教基金會董事長）

”大自然生態中森林、土壤、海洋在人為迫害中天天示警，再出發問題累積多且雜，目標、共識、決心不可缺。“

在經濟發展、物價上漲壓力下，氣候變遷帶來的缺水、缺電，炎熱氣候的生活不便，更感受切身。關心淡水河走遍台灣河川，接觸愛泥土的朋友，跟蘇煥智走進台江內海，經歷南台灣區域發展與生態變化，不忘守住黑面琵鷺濕地。

追隨流域裡的水朋友，知曉源頭有多重要，推動集水區、九二一地震後種樹，河道旁、行道邊、學校公園裡。

今年跟李桃生局長重回中寮，檢視十多年前種下的三十六萬棵茂密叢林，尚需關切照顧，方知種樹易守護難、守護森林跟環境有多密切。大自然生態中森林、土壤、海洋在人為迫害中天天示警，再出發問題累積多且雜，目標、共識、決心不可缺。

敬重承擔氣候變遷大任的蔡玲儀處長，謝謝農委會、林務局、水利署、專家學者、NGO們參與，從森林出發實現低碳世界，探索自然碳匯的規劃需切實、愛樹護林要跟世界接軌，大家都責無旁貸。

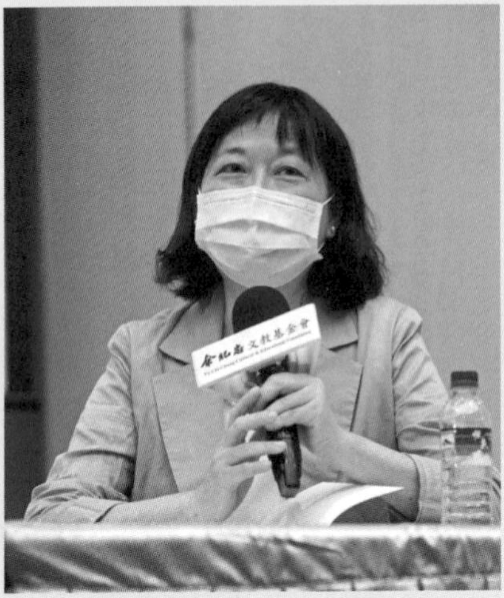

蔡玲儀

（環境衛生及毒物管理處處長、環保署氣候變遷辦公室主任）

“環保署可當各部會平臺，其實更需要各界，不管是政府部門，或專家學者、民間團體、企業，要一起想方設法達到這淨零目標。”

非常榮幸跟余紀忠文教基金會辦理這場研討會，今年三月三十號國發會公佈了我國二〇五〇年的淨零路徑，對抗氣候變遷二〇五〇淨零排放是全球一致的共識，要跟上全球腳步，其中有十二個關鍵戰略，有一個就是「碳匯」。

年初我向余董事長請教，董事長說我們來辦個研討會「從森林出發邁向低碳世界」，被這名稱感動，覺得環保署可當各部會平臺，其實更需要各界，不管是政府部門，或專家學者、民間團體、企業，要一起想方設法達到這淨零目標。

很多人會說森林到底在未來的低碳路徑裡會扮演什麼樣的角色，如計算單單一個林木的吸碳量，可能因它需要很長的時間。但在計算減碳量時，更要去思考的是森林或是自然在生物多樣性、維護環境永續理念下，所扮演更重要的功能。

今天有機會能夠聚焦研討，很謝謝參與的各位專家學者，我知道各位在場嘉賓，其實也都是這領域專家，減碳這件事情大家要一起努力。

篇一　永續政策思維　由木造建築落實

林盛豐
（監察委員）

”

民眾不理解合理經營人工林，定期收穫林木的碳匯效果優於荒蕪之森林。有次序的砍伐，碳匯效果是最好的。

“

在二十年前，那時的社會氛圍是對失序的快速發展開始反思，逐漸理解永續發展的重要性。關鍵字是永續發展，綠建築、綠色經濟、低耗能、人本交通等。行政院設立永續發展委員會，社會期待向永續發展傾斜，國土三法—國土計畫法、景觀法和海岸法，這三法現在剩景觀法還沒成立，其他兩個法都已完成。當時的永續發展基本上就是把社會的重要性、環境的重要性，納入整個政策思維裡。

追溯永續會的型塑與發展

永續會當時委員會召開頻率是每月一次，當時的原則永續會的成員三分之一是政府官員、三分之一是學者專業家、三分之一是NGO團體。像軌道運輸、建立綠色城市計畫、發展生態規劃跟設計都市的開發形態、研擬經營管理都市森林與街樹計畫、都市生態保育保留區或生態島的維護、推廣及保育原生植栽、發掘及美化既有溪流，提供必要休閒設施等，都是當時討論議題。

防災議題納入流域復育、森林地復育與造林推廣計畫，國家公園、遊樂區、生態保護區、野生動物保護區的擴增等，都是討論範疇。示範計畫，是像國家公園跟森林，希望增設國家公園、都市綠色空間計畫跟公園的設立，山坡地造林復育案。

永續會國土分組的會議記錄，可以看到民間的余範英、李根政、陳玉峰等都在小組，精英都進來了，整個永續發展的行動計畫，落實國土保育只是其中一個任務。工作項目以生態系理念指導國土跟土地資源使用、保育中央山脈主要河川擴大大型綠地廊道，組串各部會所轄的保育管理區域，理念跟工作項目都交代非常清楚。加強海岸跟海域的保育跟管理、推動生態城鄉規劃、推動生態工法、落實建築九大指標，綠建築也從那時開始，現已發展相當成熟。

造林伐木現勘 深切體認無市場配合

端看其中個案，於討論事項有關造林跟伐木，計畫跟督導機制的規劃，結論請農委會陸續辦理邀請永續會工作分組委員、民間團體及專家學者現勘。當時民間團體對造林補助政策有批評，第一，對林務局沒信心，覺得林務局只會砍樹的成見深；第二，補貼造林導致山坡地的私有林地砍大樹種小樹。對人工林經營管理有爭議，民眾不理解天然林跟人工林的分別；山坡地人工林荒蕪成次生林，若大面積砍伐，有破壞水土及動物棲地之虞，台糖土地較大規模造林，改變地用時（如：伐木種電或改為建設用地）引起抗爭。人工造林補貼年限到期，無市場需求及木材加工產業鏈。再就是民眾不理解合理經營人工林，定期收穫林木的碳匯效果優於荒蕪之森林。有次序的砍伐，碳匯效果是最好的。

高碳排產業鏈重新思考 國產材自給應是良方

二十年後的今天，行政院推出台灣二〇五〇的淨零轉型的四大策略、兩大基礎。監察院調查國產材自給率的提升，目前國產材自給率不到一%。林務局自一〇六年定為國產材元年，希望十年內木材自給率達到五%。但計畫執行僅三分之一被落實，那又為什麼呢？國外已用木構造蓋高樓，蓋有八十五米、層十八樓高，台灣仍僅有三、四層。在於目前木材產業，與木建築產業鏈重建困難充斥。

首先，社會對森林、木材、木建築之減排效益，欠缺了解。木材產業；水土保持計畫沒核定、專業技術缺乏落後、私有林地規模多很小。人工林經營不良、面積不足，營林技術斷層，規格材、檢驗技術尚不完備；木建築設計上，人才養成不足，技術規則不完備；產業又面對，經濟規模不足價格偏高，公共工程業主不熟悉，拒絕採用木建築。台灣木質材料的法規緩慢，現用木構造會被懲罰，非常不友善。

從「木質日本」到「木建築台灣」的夢

日本三層以下的木構造建築佔比是八二．五％，裡面皆是木構造，冬暖夏涼、耐震、防火。雖日本私有林地規模也非常小，但能透過類似林業合作社做整合。日本的林野廳類似林務局，從造林、砍伐、野生動物防治、建築材推廣、林業技術的提升到高科技的木質材料研發，還有森林環境稅可補助林地疏伐及林道的維護，每年出版林業白書，整合無人繼承的私有林地，轉贈或低價轉售給想要進行林業的工作者。

最後，個人以建築背景也談談一些建築師朋友們的夢想，有一支小部隊對木建築非常喜愛，瞭解把次森林收購做建材是正面的，事務所叫「考工記」。日本朋友說不輸日本，有能力做非常好的木構造建築，雖然在不友善的環境下還認真在做。匠人的技術好可以固碳，且造價低容易更改。「水泥台灣」相對「木質日本」有很大的差別，建築業是高碳排的產業鏈，為高碳排產業鏈重建思考，正因是建築背景我對木建築很有期待。

篇二　減碳從生活做起　沒人能置身事外

莊老達（農委會氣候變遷調適及淨零排放專案辦公室執行長、企劃處處長）

”國家的淨零排放，其中的十二項關鍵戰略理念的自然碳匯，就是由農委會負責。森林、土壤、海洋這自然碳匯裡面的三大碳匯，所有產業應該只有農業部門有自然碳匯的功能，做碳捕捉、做碳封存。“

極端氣候下 農地開始自然為本找解方

從農地開始，無論是基於糧食安全、國家能源轉型、種樹，都要土地。全國的農地是農委會主管，農業部門的職責最重要的不是種樹，是要大家吃飽，糧食安全重要。於農地包括林地，台灣的森林覆蓋率在全世界算高。種樹、淨零排放？是要因應氣候變遷帶來的極端天氣。現在講自然解方、自然為本，自然有大部分在農林漁牧部門。很多人都覺得怎麼農地上有工廠、建築物、種電，有這非農使用。現在農委會跟經濟部處理農地工廠、跟能源局在協助整個國家的能源轉型，都會涉及農地管理。

農地資源盤查中 協助淨零策略 有三不原則

除非農業以外，氣候變遷造成收益不穩定、病蟲害。為把農地照顧好，我們做農地資源盤查，包括跨部會圖資，或農委會內部圖資，跟地方政府合作，不管是生產的類型、設施的種類、非農業的使用、各類不同的地、各種不同的使用狀況。這些盤查有很多用途，林委員講的國土計畫，就是要透過農地資源盤查，告訴縣市政府什麼樣的區位是重要的。跟經濟部處理農地工廠時，哪些區位的工廠務必要離開，哪些是有條件許可，都要透過農地資源盤查。

現在能源轉型是國家重要任務，前天太陽光電首度發電量超過核電，太陽光電可以蓋的地方，要透過農地盤查，因能源轉型跟農業相關，但要有「三不」原則；不可以影響農漁民的權利、不可以影響農業的發展、不可以影響生態環境。農委會開始就檢視，告訴業者哪些地可用，屋頂型設施型蓋在哪？室內型的蓋在哪？魚電共生蓋在哪？哪些是獨立經營區？哪些是造林？造林可不可以去種電？砍大樹種小樹、砍樹種田，有些地方不是有地就可以種樹，也不是有地就可以種農作物。可能因長期淹水，水退後是高鹽分的地，無法耕作。造林也是，有條件做釋出。

國家的淨零排放，其中的十二項關鍵戰略理念的自然碳匯，就是由農委會負責。森林、土壤、海洋這自然碳匯裡面的三大碳匯，所有產業應該只有農業部門有自然碳匯的功能，做碳捕捉、做碳封存。

森林碳匯、國產材推動規劃計算

早期農業部門就做，尤其是森林，光合作用下碳捕捉，樹木幫碳封存。台灣的森林大概有兩百萬公頃，森林貢獻每年兩千一百多萬噸的二氧化碳的碳匯量，還不包括存在土壤裡面的部分。另有兩個自然碳匯，土壤碳匯、海洋碳匯，是後續農業部門要加強的部分，希望碳匯量不只兩千一百萬噸，未來還可持續增加。

森林碳匯的推動策略，在農業淨零會議，就森林碳匯提出幾個策略，第一，增加森林面積，現在二一九萬公頃的森林，去哪裡再找兩百萬多公頃？不太可能，所以要邊際土地或都市的零星土地造林，增加造林的面積。樹齡超過一定年紀，碳匯效率實際很低，需經營、管理，在增加碳匯時，讓引領的合作社或是農民，不只有得到木材，也可得到部分碳權。

第二，國產材的利用，現在國產材自給率大概二%，價格高，不想用，透過公共工程或是其他規範，讓木材可將碳匯計於建築物中。農委會有振興國產材產業的規劃，從資源、技術、法規還有市場面，林務局也在做國產材的驗證標章，越來越多公司，會採用國際上森林管理委員會（Forest Stewardship Council）核發的認證產品。還有大家常忽略竹子的碳匯效益實際上比森林高，台灣有十八萬公頃的竹子，從今年開始有新興竹產業的計畫。

扶植驗證機構 成立本土團隊

碳匯跟碳權雖本質相近，可是兩件事，在農業碳權的推動上，要有適當方法，以為森林的碳匯很高，然一公頃的森林每年碳匯量不到十噸。碳權，國內推的是抵換專案和總量管制，國外的較複雜，國內現也有人推國外的機制，比如說碳驗證標準（VCS）。最重要是驗證機制（MRV）要可量測、可報告、可驗證，經過這些程序取得真正的碳權。農業面已有盤點，在環保署的抵換專案裡，有接近二五〇個方法學，跟農業相關的部分尚需經調整，寫計畫書做驗證。驗證單位輔導團隊很慢，希配合企業ESG，讓企業加入方案。目前正進行幾個案子，近期對外發佈。

至於正式的碳權要MRV，現在的查驗機構七個都是國際的，對農業沒那麼內行，希望我們可成立本土的驗證單位、查驗機構、成立農業的輔導團隊。走向淨零這條路上，不只有農委會，需要學術界、企業、農民，在農業場域操作。不一定要去種樹，可以從我們生活轉型，交通、飲食開始。飲食跟碳排放有沒有關係？住當地、吃當季，就是減碳，支持國產農產品，不是只靠國家能源轉型，大家都有責任。

篇三　水水台灣　減碳由工程實做起

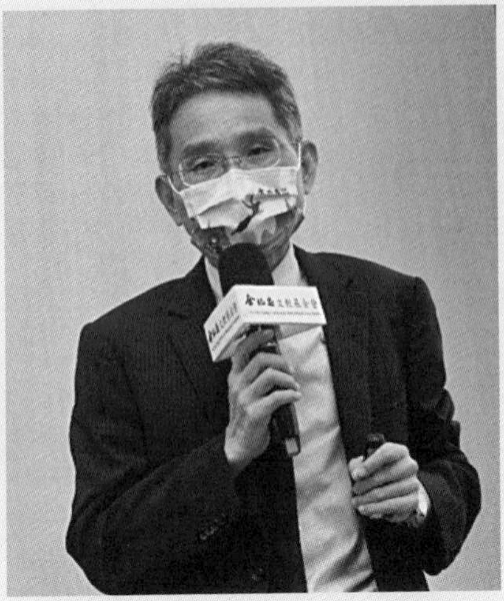

賴建信
（經濟部水利署署長）

”
我們更注重不要只種看得到的地方，其實邊際土地是更需要養護，期待有些推力，在權責裡、不涉及法規，可以有獎勵措施。比如說水費裡的水域保育回饋，植樹保林就可以搭配林務局獎勵、加碼，讓民間更有意願。
“

建立工程減碳做法與示範

今日水利署首次對外公開談談工程減碳的做法，回應林監委提到水泥台灣、木質日本，我多希望把「泥」拿掉變成水台灣，「台灣真水」。國家有政策規劃，政策下參與相當多會議對應政策，我們有時是示範案、驗證或試驗成效，政策上二〇五〇淨零轉型距離今日很短，二〇三〇碳排降三〇%距離也不長，今年三月三十後，水利署希望在工程面，或在管轄河川、水域裡以實做、磨煉、學習、成長，現就這兩部分說明。

河川、水域實做 嚴謹要求基準值、審議、驗證

水利署宣誓在二〇二二年要減二〇%碳，比過去減二〇%，去年就一〇八年到一一〇年，三年裡水利署做的工程統計，從工程預算書、資源統計表，還有碳排係數作累計。以每年平均值當基準，甚至將年平均值化為量，來轉化個別工程。**我們認為制度很重要，二月頒定第一本「規劃設計篇」，正由第三方的驗證單位認證。同時於七月頒訂「施工篇」，最後再頒定「營運管理篇」。**

規劃篇：由水利規劃實驗所跟工務組合作，說明幾個指標，如綠色的經費、各個工程的可拆解率、可拆解率可分別計算碳排係數比例。施工篇：從材料、從運輸、從製作過程裡分別計算，比如，發包工作經費、會訂目標，希望有五％是綠色材料，工程編碼裡再做精進，工程會也一起合作，最後納入預算書的審議，這方能把握二〇二二年或二〇二三年、二〇二四年再減一〇％的目標達成。舉例，某局今年分配給預算一億元，就一〇八年到一一〇年統計的基準值，提報工程不只是審工程書而已，重要的是，審設計出的成果是否達標準。所報署核定時，也核定個別工程的允許排放量，最後的是「執行」，執行面當然是要監測的。

與企業造林合作 不為名聲 ESG 需長期做

莊處長講到公司可以協力，但我通常會拒絕公司利用土地獲名聲，辦一次性的活動。假設某公司推動 ESG 願意長期做，有心經管國家土地，一起合作才有意義。我們更注重不要只種看得到的地方，其實邊際土地是更需要養護，期待有些推力，在權責裡、不涉及法規，可以有獎勵措施。比如說水費裡的水域保育回饋，植樹保林就可以搭配林務局獎勵、加碼，讓民間更有意願。我們認為一些有礙於環境的工程，搭配對環境友善、較好的作為，也可得到社會認同。

「種樹」不馬虎僅只綠化 適時盤點林相、養護生態

談主題「種樹」，水利署過去種了很多樹，發現種植多在水庫、河川、排水處，土地有些是畸零的。

從二〇〇五年到二〇一〇年年平均種一一五公頃，種下三百一十八萬棵樹。有天在辦公室接到同仁的信，他說：「署長你可以堅定的種樹，但**假如執行不好，種樹會變成毀樹**，因為本來樹在那好好的，胸徑、樹高有一定標準以上，移動後沒經過好的養護，或是綠地條件不好，移到這就死掉。」

經立即查訪，為過去種的樹盤點，發現非常多不適應、不好的行為也多。我們立刻在制度面、規範面修改。

過去工程界慣例在施工計畫裡，各個工程都有種樹、有綠化，安排在完工前做，但完工也許是八月、九月。這時種樹，樹的存活率不高，是第一點。第二點是完工前的綠化，只為應付驗收。一旦驗收通過，缺少養護，這些樹自然枯死。在適當的天候，或提前種樹，於工程、滯洪池、堤防、水庫完工，才會有好的林相，也是令我體會國內公共工程該能精進的狀況。

減碳成本高 適地抓準 盤點整合 環境需求

三月份我帶林監委跟余董事長到嘉義，現勘地方滯洪池兼種樹展現的效果，愈深入再盤點，發現有可做的地方更多，事實上減碳的成本需求很高，要讓企業知道。水利署依林務局的方法學做，現在有三個案子正在進行，希望今年底時送到蔡處長那邊申請。篩選要一定的面積，且需無礙原來的功能，不能破壞土地或水利設施功能，亦就是需要跟環境整合。我們在今年一月，依原則作土地盤點，三月開始寫申請書，積極找第三方驗證。同仁回報，深感可惜國內沒有驗證，取得驗證的第三方單位。所以我們希望藉由這三個案子跟環保署合作，讓業界有碳匯認證的公司。

分享同仁工作進程 治水以永續為職責

治水利水不是目標，目標是為環境服務、社會演進，不應為治水影響到地方的土壤、地利或社會環境，要有促進永續執念。水利署有很好的團隊一起做，工程減碳的做法，由同仁自寫程式，讓第一線可簡單輸入數值即可進行操作，審訂定固定的功率、工藝的標準，分享正進行的經歷與事項。驕傲的說，**水利署到目前為止，堅持很多工程是自辦設計跟監造，期待可為促進申請二氧化碳的減碳憑證，奠下良好基礎。**

篇四

強化森林經營管理 專案要真正落實

林俊成（農委會林業試驗所研究員兼主任秘書）

”除私有林造林外，有沒有更多企業參與？變成企業森林的概念，並不是把森林賣給企業，而是合作方式，讓企業提供經費，林農來經營，公部門做媒合橋樑。“

日本造林私有林為先 台灣國有林為主 後續經營差異大

針對森林碳匯，首先，有多少土地可以來作造林？假如沒有多餘的土地，要增加造林面積，就有問題。

莊處長提到台灣第四次森林資源調查，近六〇．一%的造林土地所有權以國有林為主，這部分跟日本差異較大。日本以私有林為主，在後續的經營略有差異。其中比較能造林的人工林更新或再造林的部分，於六〇．一%的森林面積，近兩成是人工林。這兩成人工林把它分成生產性跟保護性，未來可做更新、做造林的部分，是佔生產性人工林一三%左右。假設要以造林來做碳權，森林可就從這部分做更新。也需呼應未來在所有的木材自給率五%，或淨零碳排要求一〇%的情況下，也就是沒把人工林做更新，不會有多餘的土地可重新造林。

提高造林意願 需有長遠思維

在人工森林碳匯，要考慮森林一定要做經營，才可能達到造林碳匯。除六〇%的森林之外，有沒有其他地方可以造林？要考慮所經營的目的跟土地的機會成本。相關歷史資料，台灣的造林面積的演變跟政策有很大關聯性。

第二是造林獎勵政策，是否能提高造林意願？之前的相關研究，就造林獎勵金的額度跟實際造林面積分析，發現造林獎勵金一直增加，造林面積沒辦法增加，因影響意願的因素太多。以造林獎勵金為例，主要提供經濟上的補貼，後續經營的成本是否也要由林農承擔？要考慮人口老化、勞動力不足，需更長遠的思維。之前針對私有林做調查，其實**強調根據不同造林意願、目標，有不同的策略**，要求經濟收益的林農，怎樣讓他有收益。對公益性的私有林，可鼓勵維持森林，採經營模式，提供技術或相關的輔導。

平地造林二十年的檢討與改善

平地造林推動近二十年，今後看二十年後怎麼操作，會影響未來私有林林農，參加政府的獎勵或補貼。假設林農發現未來木材都沒市場，後續造林獎勵推動困難。所以在期滿時林農有幾個方向，第一把它砍掉，再重新造林，需要政府的技術與援助跟相關的輔導獎勵，還**要思考可能會有土地轉作危機（如：種綠電）**。林木的生產是長期的，藉由混農林業或者是休閒遊憩，現在林務局推出林下經濟還有休閒林業，讓他有短時間的收益，才能把林木留存在林地。第二，要繼續留存，但林木長得不好又沒法更新，南部很多荒廢竹林因在經濟上的考量，跟操作的能力不足。荒廢後，竹林相關產業會衰壞，這希望去改善。

碳匯不只造林 以自然為本 需經營、管理、利用

假設把林木留置在現場，現考慮生態系給付，因平地造林跟山坡地有些微差異，平地造林除種樹之外，有可能恢復原來的農業生產。假設森林要維持存在，怎麼讓它減少伐材的衝擊、增加木材的利用？未來重新造林，選擇什麼樹種、輔導方式？假設是一個平地，種樹後想恢復農業，需要有技術輔導改善。不想從事造林時，相關的策略是否對環境有影響？之前提到做綠電，在環境敏感區不要從事這活動。最近林務局有做林業永續多元輔導，也納入這些思維。**除私有林造林外，有沒有更多企業參與？變成企業森林的概念，並不是把森林賣給企業，而是合作方式，讓企業提供經費，林農來經營，公部門做媒合橋樑。**

碳匯的規劃，基本上森林碳匯並不是只造林，還包括森林經營管理。包括林產品的利用和碳保存，把碳放在林產品使用。另外是碳替代功能，像木建築有碳替代的效果，甚至用木質顆粒或殘材做生質能發電，是可做的策略。國際上歸納三個部分，碳吸存、碳保存跟碳替代。國

際上，以自然為本的解決方案，對於黃碳（土壤碳匯）跟藍碳（海洋碳匯），相對是較有潛力的。**除在生產過程去達到低碳排放、對環境友善、增加循環利用，還有產品創新，企業未來該去思考。**

強調森林共同效益存在 建立平台機制 不只賣碳

最後，針對本土碳權，基本上碳權國際上有三種方式，一種是國際、一種是國內、另外一種是跨國獨立性的部分。不同的制度有不同碳的標準，大致提到黃金標準還有CAR（氣候行動儲備 Climate Action Reserve）、VCS（查證碳標準 Verified Carbon Standard）、ACR（美國碳登錄 American Carbon Registry）等。回頭看台灣，目前唯一是抵換專案，以抵換專案參加碳權的使用。碳匯根據不同專案有不同的成本，操作的過程、選擇都需要成本，不過這個成本並不等同造林的成本。假如造林成本等同碳匯的成本，就是種樹是為賣碳，這種思維不符合目前操作，需考慮森林共同效益的存在。在國際上試驗性碳市場，強調共同效應，除了碳，有很多產出是藉由專案活動實施得到的。**未來獎勵的投入、建立平臺機制、媒合，讓企業跟森林結合，要專案可真正落實。**

篇五

發揮民間力量 建立碳權、碳稅、碳交易

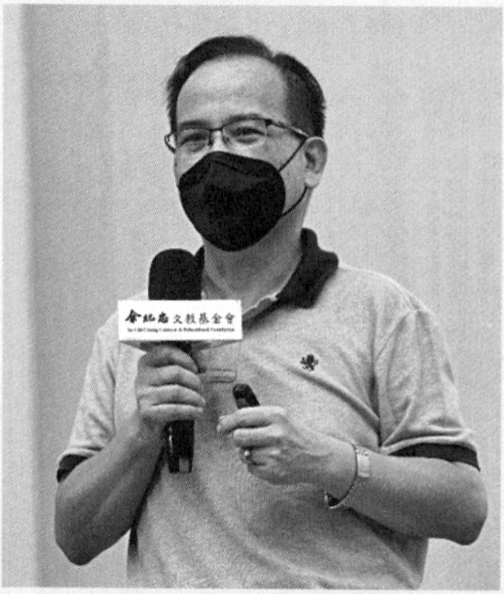

蘇煥智（前台南縣長）

” 最關鍵的是沒有碳權、碳稅、碳交易，乃是當務之急。相信二〇五〇淨零排放台灣在國際貿易上是跑不掉的，決心處理二〇五〇淨零排放，碳權、碳稅、碳交易、材積市場要建立。 “

認為森林種樹這件事，完全靠政府機關的效力是大有問題的，如果沒有民間的參與，台灣的森林碳匯或是森林要漂亮是很困難的。受尊敬的賴倍元先生，花了幾十億種五十萬株的樹，受到各界肯定。喜歡種樹的人其實蠻多的，不一定賺什麼大錢，但種樹之後，在經濟上是有誘因的、是可持續性的，非常多企業也都有興趣。賴倍元這個例子固然值得敬佩，可是怎麼樣有更多的賴倍元或是每個人都願意變賴倍元，這樣就不必都仰賴公務體系，這是我要談的主要課題。

提高民間誘因 建立材基市場

台灣鼓勵民間造林，結果種樹只是為拿獎勵金。真正想要種樹的人，想到的是樹種好後，在市場上有價值，會選擇具高經濟價值的樹種，如台灣油杉，這珍貴的樹種，現在可合法種植。讓民間有好的誘因，制度上要調整；第一個調整，就是要原則開放租地造林可以轉讓，造林效果不好的都可考慮開放給民間造林。另一個很重要的是材積的市場，如果有建築價值或是具景觀效益價值的樹種，那民間造林很多人都會刻意選台灣特有種能適合建築的，甚至具有國際競爭力的樹種。

如果建立一個材積的市場，有客觀專業去評估，即可種樹留子孫。如果把碳交易市場也建立，它的碳權也在增加，就可把這材積當遺產交給下一代。這轉讓制度、市場制度建立，就會樹立一個良性的循環。種樹也有社會公益形象，種樹可增加將來的材積還可轉讓，有碳權可交易，這樣的誘因民間企業會視為可投資項目。可是政府怕人家賺錢，僅讓大家走 ESG 路線，材積市場建立、碳交易建全，相信市場能流通。

林監委提到台灣的木構市場，**以前服務處蓋示範性七層樓的木構屋，超過三層樓市政府的建管處都不准，而且會質問防火、白蟻問題，營建主管對木構屋不信任。**如果能透過監察院大力推動，木構規範早日建立，台灣建築也會更漂亮，特別是鄉下有很多共有土地，這些土地由政府整合，蓋漂亮的木構物，台灣農村面貌可以改變，且是最好的養生村。除材積市場，還有碳交易市場外，現在休閒是最好的林下經濟，比如登山小屋現是政府在做，日本是民間在做，可開放讓民間經營森林，做自然農場、自然森林公園，台灣的森林一定可以更漂亮。

碳權、碳稅、碳交易　國際貿易跑不掉

最關鍵的是沒有碳權、碳稅、碳交易，乃是當務之急。相信二〇五〇淨零排放台灣在國際

貿易上是跑不掉的，決心處理二〇五〇淨零排放，碳權、碳稅、碳交易、材積市場要建立。試問農委會，各地都有農業廢棄物，農業廢棄物再利用變成綠能為什麼做不起來？因為沒有農業廢棄物沼氣發電系統建立，應全國各區建立農業廢棄物沼氣發電系統。關鍵在收購價格，如收購價格合理，民間都想投資。

很多人在我當縣長時就問要投資，但沒收購價格就不來。另外森林全部由中央來管，坦白講我當縣長時是有意見，因中央對地方不夠熟悉。台灣的林務單位應該檢討，各縣市的森林該由中央跟地方政府共管，如地方可碳權交易、材積交易，可成立公司來經營，權力下放也是另重要課題。

二〇五〇淨零排放 是選舉課題 水利會機關化 值得商確

值得一提，最近水利會收回國有機關化的問題；研究發現德國即有的水土協會，台灣過去的水利會只管灌溉，德國水土協會也是公法人，這水土協會還負責農村尚有鄉鎮的汙水處理，為什麼台灣沒有一個單位負責農村的排放環節、水體排放、污水排放，還有鄉鎮部落的排放。德國因有水土協會在負責處理這件事，不只灌溉，還有汙水處理，所以水質會改善。面對二〇五〇這重大課題我有一個建議，今年正好選舉，建議大家試著去推，地方市長、縣市長候選人，就因應二〇五〇碳零排放政策到底是什麼？辦一場讓各縣市的候選人好好談談因應「碳零排放政策」。

篇六　人類摧毀自然運作體系　找回根基拯救人類

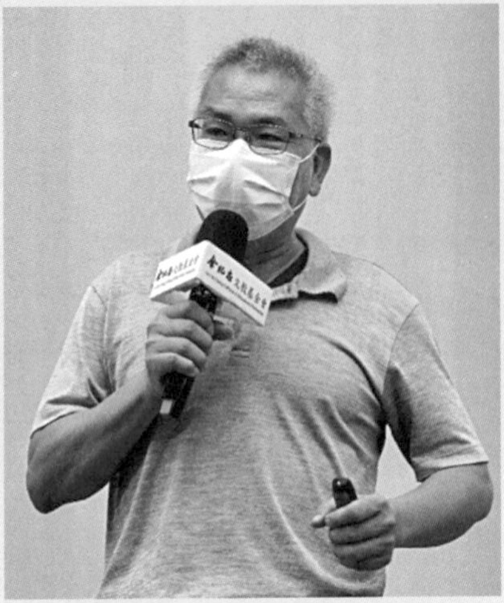

楊國禎
（前靜宜大學通識教育中心人文科教授）

”所有都會的公園綠地用溫帶國家的標準樹方式在經營，這是我們需要的公園、綠地、森林嗎？要多層次、多複雜性可自然運作，進入自然的運作。“

氣候變遷面臨的地球大滅絕警示

地球大概在二十億年前就有綠色的植物產生光合作用，經過二十幾億年運作產生多樣性、不同的分化跟演化，變成現在繽紛的地球。在兩百萬年前，進入冰河期，當地球變熱時就是間冰期，冰河期空氣中的二氧化碳含量大概在二〇〇 ppm，間冰期是二八〇 ppm，這個運作從植物養活地球的所有生命，有多餘的碳，變成氣體就是天然氣、瓦斯，變成液體就是石油，變成固體就是碳。人類出現後這一萬年，尤其近兩百年，人類的擴張將地球自然的運作體系摧毀。

氣候變遷實際上最大的問題叫全球變遷，我們已經進入第七次的地球大滅絕的情況。

改把自然帶回人的世界

說要拯救地球，還是在拯救人類。地球經過約六次滅絕事件，根本沒問題，只有人類會有問題，人產生、製造的。很多人知道在二〇五〇年這趨勢沒減緩或控制下，人將進入災難性的狀況，在一九八〇年代人類開始知道問題，認為科技、人類智慧，絕對可移民外太空。至到一九九四年，知道移民外太空不可能，才喊出口號「我們只有一個地球」。**但要改變我們的觀念、**

價值觀、要行為模式跟習慣、減碳制度跟運作非常困難，是沒辦法解決問題的主因。

自然解方 從生活角度出發 非經濟考量、金錢、股票

今年七月十六日有個研討會「從生態到自然解方」，是聯合國提出的自然解方，按自然的方式解決人類製造的問題。定義是要採取保護、保育、修復、永續利用與改變陸地、淡水、沿海生態系的行動，如已經被破壞，必須讓它恢復，進入自然的運作。問題是怎麼去計算自然的貢獻跟價值？林業的問題；是我們只用金錢計算，把它轉換成股價。

所有的生態問題和自然問題，當發現時都已無法挽回，現在做最後的努力，看全球變遷、氣候變遷，我們有沒有能力在二〇五〇年前解決這狀態？目前台灣有十幾個策略，其中自然碳匯很重要，但整個運作的問題有兩個；一是外在涉及能源的問題，一個內在生物能源的問題，內在的能源問題就是光合作用所產生的狀況。外在能源用光電板，光電板該擺在哪裡？應是在人類的佔領區、自然的淪陷區，不應該再去佔領、破壞自然。像在枋寮的石頭營，把整個山全部砍掉，台中最近十年蓋非常多純柏油、純水泥的停車場，都是溫度上升的重要因素。

回首看看眼前的台灣

以台北市跟台中市氣候變遷中心的資訊，在一九五〇年到一九八〇年時年均溫是最低的，到一九八〇年後就鋸齒狀的上升，到二〇一〇至二〇二〇年台北市跟台中市大概平均氣溫升高了二度左右，所謂的熱島效應、暖化非常嚴重。早有人說，都會人是地球的癌細胞，要去癌細胞化，要解決就必須把自然再帶到人的世界裡。那目前需要什麼？是森林可以一直存活，可以一直取得資源。

所有都會的公園綠地用溫帶國家的標準樹方式在經營，這是我們需要的公園、綠地、森林嗎？要多層次、多複雜性可自然運作，進入自然的運作。目前農作物的經營管理也是溫帶穀物的方式。台灣有好的經驗跟基礎，從低海拔到高海拔幾乎是森林的世界，過去我們養活台灣人，藉科技文明用佔領、掠奪的方式，我們的農業必須由破壞式的，變成親近森林式，多樣性、多元的恢復台灣熱帶高山的雨林，摒除溫帶平原草原的觀念、制度跟運作，從生活角度出發，而非經濟角度。

想想，過去把台灣最重要的中海拔的檜木林，把四五百年到一兩千年的森林毀壞掉，這才是最大問題的根基。

第七步

從森林出發 實現低碳世界 自然為本找解方

（研討會紀錄整理 二〇二二年八月二十四日）

篇一　尋找台灣森林碳匯與碳權之機會

柳婉郁
（中興大學森林系特聘教授）

”森林碳匯怎麼轉碳權？有派學者認為森林碳匯不應該轉碳權，企業應該自己減量。就經濟學角度，只要能增加排碳的成本，都是好的管理方式。“

國際與國內對森林碳匯的認識

如何讓大家對森林碳匯重視？第一，森林碳匯在國際及國內的重要性；第二，森林碳匯怎麼轉成碳權，碳匯不等於碳權；第三，台灣面臨到淨零減排以及國際上二〇五〇的碳中和趨勢，很多企業面臨綠色供應鏈、客戶要求，甚至是CSR、ESG、SDGs，台灣的森林碳匯該扮演什麼角色？企業能夠從森林碳匯獲得什麼？就從這三部分來討論。

總統宣示二〇五〇碳中和 碳排、碳匯、碳吸收崛起

第一，森林碳匯的重要性。總統宣誓二〇五〇碳中和目標前，企業重視減少碳排。宣誓後目標轉為碳中和，有兩種方式，一是減少二氧化碳排放、二是增加二氧化碳的吸收。企業過去在減排，不曉得什麼是吸碳、碳匯、碳吸收。企業與林農、地主，積極想購買、申請森林碳權，苦無媒合管道。碳吸收有兩種，一是碳捕捉，利用科技進行碳捕捉；二是自然為本，吸收碳用自然的方式，稱自然解方。自然為本的解方有三種，一種是森林碳匯，為什麼只講森林？森林的體積是植物體裡較大的，固碳也較多；二是它存續時間長，能把二氧化碳捕捉到身體裡

的時間久；三是不確定性小，土壤或是海洋碳匯，不確定性高，可能因天氣高溫或下雨等就不同。但森林除非大火或是病蟲害、土石流、颱風，否則它的碳匯量較不會改變，容易開發成商品，它也稱綠炭。

第二種是土壤碳匯，整個森林其實三分之二的碳匯在土壤，三分之一在森林。土壤碳匯的體積跟量體很大，但不確定性高，待技術性克服。第三種就是海洋，它是世界面積跟體積最大的量體的碳匯，它的不確定性更高。海洋碳匯包含兩種，植物體（如：紅樹林、木麻黃、海岸林以及藻類等），海底（如：沉積物、海草床、濕地、沼澤、埤塘等），都屬於藍碳，自然碳匯就分成這三種。

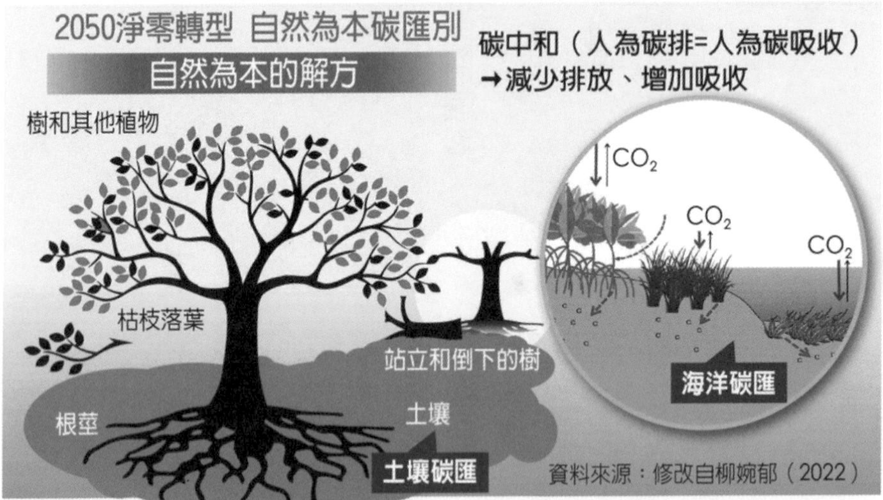

自然為本解方正夯 森林碳匯突起

自然為本的解方不是新概念，因氣候變遷、極端事件多，開始反思過去所謂 Science-based solutions（科學的解決方案）不夠，想利用 Nature-based solutions（自然為本的解決方案）改變越來越嚴峻的極端事件。

自然為本解方的討論，牛津大學學術研究發表文章提到，森林碳匯或許是較有效的方式。森林碳匯怎麼轉碳權？有派學者認為森林碳匯不應該轉碳權，企業應該自己減量。就經濟學角度，只要能增加排碳的成本，都是好的管理方式。

自然碳匯能夠轉為碳權，起源在京都議定書。它是史上第一個具有法律約束力，並要求先進國家簽署，如果沒有達到減量成果，有國際的貿易制裁或是罰鍰。它也提供配套措施，如果國家裡有新植造林或者有撫育經營管理提高碳匯，可作為國家碳排放的抵減。所以在京都議定書裡已表示，森林碳匯是有價值的。京都議定書在二〇二〇年就告結束，二〇二一年一月一日由巴黎協定取代，巴黎協定跟森林相關的部分延續京都議定書，其中更多了實行細則，包含碳交易。

森林碳權有 ESG、SDGs 效果 可對社會、生物多樣性貢獻

碳定價是為碳定價格，碳是溫室氣體，溫室氣體是公共的壞財，如果排放碳不用付錢，吸碳也沒得到收入，不符合公平正義。作法有兩種，一是碳稅，二是碳交易。全世界先進國家大概只剩台灣還沒有碳定價，溫管法在年底會修法。修法的三個重點，第一要改成氣候變遷因應法；第二是將總統二〇五〇年碳中和宣誓入法；第三修法重點是碳定價，有碳費、碳稅或是碳交易等方式。

碳權方式有二，先說碳排放權的交易；由國家訂定排放上限，依規模、排放量，下放到不同產業，再下放到不同行業、公司，所以每家公司都有自己的目標，排放超過，就必須要買碳權。排放很少就可賣碳權，這種碳權稱為碳排放權，也就是配額。

但通常在國際上有限額交易的機制會搭配 carbon offsets，所謂的碳抵減、碳抵消、碳抵換，目的是不想跟別人買碳權，又排放太多，配套措施就是自己種樹取碳權，可抵自己的碳排，或跟別人買森林碳權，達到減量目標。

國際碳權交易 碳匯轉碳權的進展與變化

美國很多碳權交易市場，但沒有全國性的只有區域性的。最有名的加州的碳權交易市場，主要的基礎是限額交易。如果排放太多，又不想買碳權，可利用買碳抵換權利來抵，包含森林碳權、消滅臭氧層的破壞物質、甲烷捕捉、沼氣發電。這四種裡面森林的碳權量是最大的，很多企業認為買一噸的森林碳權跟買一噸綠能的碳權價值不同，還有 ESG、SDGs 效果，可交代為對於社會、生物多樣性的貢獻。

公司用碳抵換額度作抵減執行已久，美國加州可抵五%，紐西蘭一〇〇%都可抵，中國大陸是一〇%。歐盟現森林碳權排放交易體系統，未來可能二〇二三年才正式啟動，因要盤點、認證，包含農地跟森林碳匯。全世界的碳抵換市場，森林或農業相關的碳權，就佔四二%以上，它的價格也比其他種類的碳權高。

碳匯怎麼轉碳權，基本上**申請碳權有原則，第一是人為經營管理，目的就是要抵人為碳排放，要人為的碳吸收才能夠抵人為的碳排放；第二要超過基線，是今年的碳匯比去年的碳匯增加多少，增加的量才能申請碳權；第三是所謂的 MRV（量測、報告與驗證機制）；第四就是抵跟賣只能算一次**。基本上這是主要的四個原則，當然還要符合原本 CDM（清潔發展機制）

三原則，必須是外加性、永久性跟洩露性。最近很多文獻針對永久性提出，所有碳匯不可能是永久，國外開始訂時間如三〇年、四〇年，讓碳匯有一定期限。

國際查驗機構標準多 本土通過兩家 門檻仍高

台灣或全世界有多種計算碳權方式、申請碳的標準，國際的標準是所有企業都可以申請，包含VCS（Verified Carbon Standard）、GS（Gold Standard）、CAR（Climate Action Reserve）跟ACR（American Carbon Registry）等四個，如果是國家層級，英國是WCC、日本的是J-Credit、中國大陸是環境交易所，台灣就是環保署。日本每個縣甚至主要的農業縣，都有訂定碳吸權的驗證、認證制度，目的是滿足當地的企業可以購買。

台灣要申請森林碳權有兩種方式，一，申請國外的，優點是國際標準，缺點像是英文撰寫，對中小企業是一個門檻，還有申請費用昂貴。二，國內申請環保署的抵換專案，中文撰寫、申請費用免費，但寫計畫書還有查驗費用要自付。申請碳權有兩個重要條件，面積要〇．五公頃以上、樹要年輕，三，是要人為的經營管理。目前是有七家的查驗公司，在七月、八月時增加了兩家，包含金屬工業研究發展中心和商品檢驗中心，也都通過成為查驗機構，所以現在有九家。

資訊不對稱 森林碳匯跟碳權機會 尚有賴政府協調

未來台灣的森林碳匯扮演什麼角色？蘋果公司過去被認為不環保，一年換一支手機，造成浪費。蘋果開始做碳盤查，排放量最高在生產製造達七成，開始做減碳，第一是利用回收金屬、塑漿做手機，第二是一條龍的森林投資，縮短纖維材料的碳足跡，蘋果跟緬因州還有北卡州合作，由當地森林砍伐、取得漿料或是纖維材料，縮短碳里程。第三是做森林碳權，因為發現二〇三〇要達到碳中和是不可能的，整個公司一年碳排放量三千萬噸，必須要透過碳抵換，所以二〇二〇年的碳揭露特別提到除碳排放外，也特別揭露抵消多少的碳權。在二〇二〇的時候只有抵消十萬噸，二〇二一的時候已經抵消七十萬噸的森林碳權。

企業買下森林碳權，除可做碳抵減外，也能滿足國際倡議。現在非常多上市櫃公司開始加入這些低碳、零碳組織，如：科學基礎減量目標倡議（Science Based Targets Initiative, SBTi）很多（五十七家）上市櫃公司已加入。利用森林或是農業貨幣化，是難得的機會，企業現在捧著錢，就看森林或是政府部門端出什麼商品滿足企業，所以碳管理、碳中和、碳權買賣、公益行為，這些都是取得碳權可達到的效益。

台灣森林碳匯跟碳權有很多機會與挑戰，我認為最大的就是資訊不對稱。現在有非常多企業想做，也有很多的農民跟地主想要來做森林碳權，但是他們不懂，就有賴政府可提供資訊平臺，甚至是懶人包的方式讓買賣雙方能夠媒合，**認證、驗證的費用過高和審查時間冗長等這些也是未來需要解決的問題。**

篇二

森林碳匯潛在問題多
監測、報告、驗證是根本

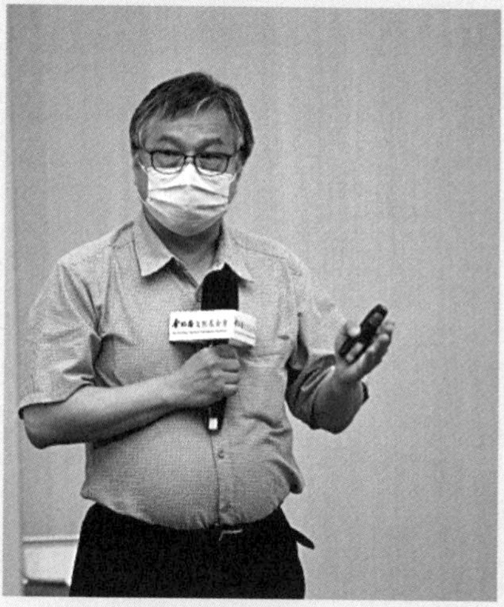

邱祈榮
（臺灣大學森林系副教授）

”對於森林碳匯估算首要工作就是要強化監測、報告與驗證的 MRV 機制，來確保估算出來的碳匯量是值得信賴的。“

森林碳匯暗礁　賤賣碳權為商品

我演講的題目為「森林碳匯暗礁知多少」，主要在於探討森林碳匯潛在看不到的問題非常多也影響很大。從九十四年第一次參加氣候變遷締約國會議，從民國九十七年就開始參與環保署溫室氣體減量相關工作，擔任第二屆、第三屆溫室氣體減量成效審議認可委員會的委員。目前大家都很關心如何將碳匯轉變成減量抵換額度，提供給企業進行排放抵換。針對農地造林、平地造林如何轉換成抵換額度，其實在台灣很多細節及問題，若未能克服，其實很難完成一個森林抵換專案。簡言之，碳交易是商業行為，當森林抵換專案成本高過於抵換額度交易所得，不會有人做。

九十八年我曾寫書「植林碳匯專案管理」，主要因台電在高雄鳳山官校跟步校的後山，預計六十公頃要種樹做森林抵換專案。當時，我估計寫個專案設計文件大約需要兩百萬，驗證預計需要一百萬，支出約三百萬，且後續維護還沒算。而當時估計六十公頃森林抵換額度買賣收入遠遠利不及費，根本沒人做這樣的事。九十七年曾到大陸廣西林業廳探查珠江的案例為什麼能做？以該案例四千公頃的林地，廣西林業廳跟國家發改委爭取經費造林，但規劃書投資報酬率不夠法定規定，因此，發改委建議可以規劃成森林抵換專案，提供碳交易市場進行交易，預計可有碳交易收入，如此可超過投資障礙，因此發展委通過補助造林計畫。然而，大陸推動了幾年森林抵換專案，也就不再將相關的抵換額度賣到國外。因為計畫發展者，往往在減換額度剛形成時，就賣出給市場經紀商變成金融商品，在大陸森林抵換專案發展者，並非的抵換額度收益的主要受益者，結果就像賤賣碳權，成為企業抵換使用。

國家溫室氣體排放清冊漏洞多 基礎技術不足

依據國發會二〇五〇淨零排放規劃，目前森林碳匯每年約吸存二一四〇萬噸 CO_2e，希望在二〇五〇淨年能夠增匯至二二五〇萬噸 CO_2e。就實務而言，增加森林碳匯一一〇萬噸 CO_2e，不需特別努力都可達到。只要把目前尚未納入國家溫室氣體排放清冊林業部門碳移除量計算的部分，能夠確實計算納入，應可輕鬆達成二〇五〇年增匯一一〇萬噸 CO_2e 目標。包括有：水利署每年水利用地種樹的碳匯，確認在國有地上面種樹的碳匯，納入清冊。另外，全臺灣地方政府都市計畫區域內，公園樹木、行道樹及私有地的每年樹木碳移除量，其實都還沒被納入清冊。如果上述這些樹木碳移除量，能夠納入清冊報告，應該已遠遠超過一一〇萬噸 CO_2e 增匯目標了。國家要評估淨零排放績效，主要關鍵在於清冊有無核實計算？目前清冊土地利用部分，僅有林地有納入計算，農地、草生地、聚居地、濕地、其他土地均未納入計算。過去，環保署每次審查國家溫室氣體排放清冊報告時，我都會建請各部會應該負起應負的責任。例如，內政部主管聚居地（都市計畫區）及濕地，均未能有所作為，因此。造成清冊報告殘缺不全迄今。

森林碳匯內容除生物碳循環（地上部生物量、枯木與枯枝落葉、地下部生物量及土壤有機碳等）；另外尚包括工業碳循環，即林木伐採製成各式林產品，稱為收穫林產品。因此，森林碳匯另外一種儲存碳的方式，就是充分善用林產品，讓碳可以被隔離的林產品內越久越好，擴大森林碳保存的效果。過去長期走在第一線幫忙林業合作社，希望透過林業合作社可以促進木材利用而延長森林碳匯效益。我個人七、八年前就推動三、四個林業合作社的設立，並且積極輔導林業合作社通過 FSC（森林監管委員會）驗證，都是希望能夠落實推動林產品利用。目前也協助臺北市環保局計算回收傢俱的延長固碳效益，大家都知道回收傢俱，如果延長使用壽命的儲存期間，也就是另一種形式的碳匯，可抵臺北市政府的碳排放。因此，希望大家看森林碳匯，不要只是聚焦空談森林抵換額度交易機制，因為交易機制成本太高，我再強調，森林碳匯在其他方面可以發揮的潛力非常大。

前幾年很想去找慈濟談回收木材的可行性，想了解目前推回收紙即瓶瓶罐罐再利用，但為什麼沒有回收再木材？台灣平均每年進口木質材料約六百萬立方米，相當於每年可有約三百萬噸的林產品可被回收。這麼多木產品，目前只有部分大型傢俱，由清潔隊回收處理，其他的木製剩餘資材如可被收集回收有效延長固定或再利用，這延長固碳量就能增加不少碳匯。

我認為碳匯計算與應用依土地權屬可有三個尺度：國有土地自然碳匯應納入國家清冊報告計算，IPCC 有指導方針告訴你國家清冊報告怎麼算。其他應用的碳匯計算，基本上皆從 IPCC 的方法中簡約化。在城市或企業尺度，一般以 ISO 14064-1 或其他組織碳盤查標準為準，其實土地碳匯是能被列入碳移除部分，來抵減組織碳排放。以台糖為例，可以把所擁有約一萬公頃的造林地，估算出碳匯量，應可抵台糖其他部門的碳排放，應是台糖公司對於本身土地森林碳匯的最聰明應用方式。目前國家清冊報告有納入林業部門報告，因此成為其他土地部門估算的典範。然而，林業部門的計算過程依然受限於活動數據供應、資料品質、相關轉換係數等，仍需要加以精進。

固碳是根本　盤查要確實　森林碳匯是關鍵少數

由於自然碳匯中森林的碳匯是關鍵少數，雖然目前相對比較於碳排放數量，目前只占碳排放一%或二%。可是當碳排放減少到某個程度時，森林碳匯量若維持不變或增加時，其占比就會從二%增加為一〇%、二〇%、三〇%甚或到四〇%，也就形成達成淨零排放的關鍵力量。

個人參加十二次締約國會議，對於森林碳匯計量的 MRV 機制：可量測 Measurement、可報告 Reporting 及可驗證 Verification, MRV 感觸非常深。因為森林碳匯估算上，有許多工作都仰賴人工調查，欠缺有效調查品質的管控機制，因此常常無法確實進行森林碳匯的估算。現在很多縣市都在做組織碳盤查，但是對於土地森林的碳匯估算卻往往予以忽略或不重視：首先是各縣市政府對於縣內轄管的森林面積有多少，常常無法確實掌握，以台北市為例，其林地面積數據就充滿不可思議的變化，造成城市碳盤查報告出現非常詭異的情形而不自知。因此，對於森林碳匯估算首要工作就是要強化監測、報告與驗證的 MRV 機制，來確保估算出來的碳匯量是值得信賴的。

篇三　淨零排放路徑上台灣林業不停歇

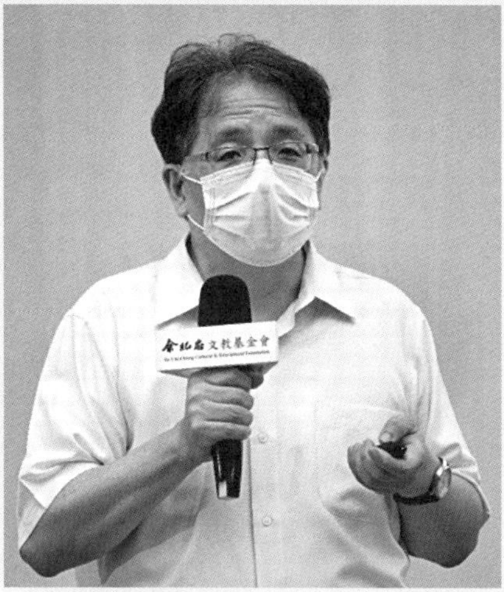

黃群修

（林務局森林企劃組組長）

”台灣發展林業的碳匯會遭遇幾個問題，土地的問題，要遵守驗證技術，不管是土地、參與、技術，都有成本考量。“

國土監測 地面調查、航空影像

森林是地表最大的碳庫，思考森林碳匯的角色，除碳吸存外，還有碳保存、碳替代。台灣森林的貢獻大概二一四〇萬公噸，每年森林吸收七%的二氧化碳，資料來自林務局很早就重視碳的議題，不是在淨零排放後才做，於第四次森林資源調查，已將碳放到裡面。森林資源調查時，透過地面調查或航空影像逐一判識，是台灣國土監測的一環，現還持續推動。

發展林業碳匯的困難 土地問題、技術、成本考量

森林碳匯的路徑於國家策略，要增加森林面積，加強管理以增加密度。提高國產材利用，把它固定能夠達到長時間保存的效果。端看面臨的問題，第一，森林面積增加部分；從台灣第一次森林資源調查到第四次，除第二次森林資源調查，因經濟起飛森林面積下降，到第三次、第四次都是在增加的。造林面積，從民國九十五年到目前為止，從平地景觀造林、綠海計畫、休耕農地造林，這些面積跟林務局推的政策相關。

淨零政策上，希望逐年增加造林面積，這引申一個問題，面積從哪來？造林面積有限，過

去很多的政策，是透過政府的實質補貼。剛剛蘇煥智縣長提到林務局造林成效？是不是都是需要政府花錢，能不能用碳權或是企業參與資源，包括台糖或都市，都思考在自有面積上能再去增加區位。

幾年來得到的小結論，台灣發展林業的碳匯會遭遇幾個問題，土地的問題，要遵守驗證技術，不管是土地、參與、技術，都有成本考量。國有林地很多都已造林，也有很多私有土地，農委會盤點山坡地目前有四萬多平方公里，過去的產值相對較低，如果企業願意參與，我們願意提供平臺去媒和，媒和後除碳匯外，有生態上或其他效益，希望能夠給企業誘因，核發ESG 憑證。如有潛力可做碳抵換，會依環保署的規定程序辦理。

國有人工林在下降需經營 竹材為森林碳匯發展重點

有限的面積裡怎樣增加碳的密度，無論是CDM 方法或資源市場的VCS 方法學，都不只有造林，森林經營管理也可做碳匯計算。樹木生長是有限的，如經營、伐材時，地表二氧化碳吸收量會下降，但可重新生長。**一個人工林如有效率、永續的經營，它的碳匯效果比放任不管好，但必須強調是人工林，而不是天然林。**台灣很多森林沒有撫育，固碳效果受影響。剛提到第四次森林資源調查結果，跟第三次比較，森林覆蓋率從五十幾現已突破六成，可是這增加的森林面積多在荒廢農地。

事實上國有林的人工林的狀況是在下降，將來能加強經營，方可創造碳匯空間。要增加森林碳匯，竹子是明日之星。種樹四十年生，有經營可達到每公頃兩百立方。竹子長得非常快，三、四年就可長得比林木多，如沒有經營，不會擴大。如何善用竹子短伐期、生長快的趨勢，讓竹材收穫，用技術讓它變成建材、傢俱來延長它的碳匯效果，是將來發展重點。

政府帶頭愛用國產材　珍惜木資源

最後，國產材的利用；森林生生不息的循環，可做生質材料、當做建材傢俱，會發現它固碳效果越來越好、可以儲存。空下來的土地，就利用它營造年輕健壯的森林達到碳匯功能。過去常從馬來西亞進口木材，只要馬來西亞的出口法規管制，結構就變了，有些跟日本、紐西蘭，溫帶地域永續經營的森林購買，有很多是到巴布亞新幾內亞或索羅門群島熱帶國度買。

面對氣候變遷森林遭毀壞，是我們不斷用熱帶的林木，或是因農業的發展毀林地。**所以林務局一直希望多用國產材，並透過特別是監察院監督、支持，將來在公共工程上能從政府帶頭**

使用。另外，生產加工過程有很多剩餘材料，可經過適當的轉化，例如目前嘗試在太平山做的永續產業，早期林業開發有很多人工林，除可做本土的木材，它的枝葉可萃取做精油，剩餘的材料還可就地製成粒料發電。

林務局先前委託研究，台灣進口很多木材，這些木材不用後變成廢棄物太可惜，如果只增加一〇%的這些木質廢棄物的回收，它相當於兩萬七千公頃的林地。所以促進台灣森林的碳匯，林務局要努力思考讓企業參與、擴大森林面積外，更呼籲愛用國產財，不用過就丟、珍惜木材資源。

篇四

光電淺山森林危機　零碳排外
注意生物多樣性

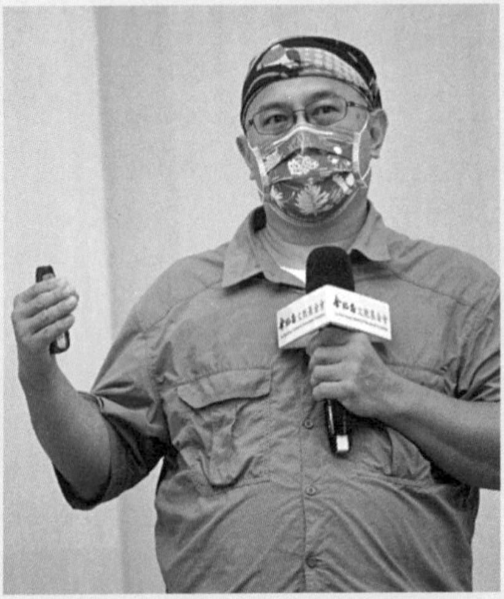

李璟泓
（台灣石虎保育協會理事）

”在討論的過程，往往都忽略了造林跟碳匯間，生物多樣性的議題，未能把多樣性的價值放在裡面。“

我住苗栗通霄與竹林、野生動物為伍

影片中是我們在苗栗通霄的竹林，還有周邊天然林裡裝設相機拍到的野生動物。裝設近八年的相機，當初目的想知道這塊田區跟林地到底有什麼樣的生物，沒想到拍到的出乎想像。一般人大概會覺得淺山或竹林裡只有一些鳥或老鼠，其實不然，拍到的野生動物，除鳥類還有鼬獾、白鼻心、石虎還有台灣野豬。七、八年的資料裡，發現竹林雖不是野生動物主要覓食的來源，卻是這些動物最重要的路徑、生態廊道和潛在的覓食場所。另外，這些竹林、次生林旁邊的農田跟這些野生動物形成特殊的關聯性，牠們會利用耕種所產生多樣性較高的環境，作為棲息地。

在想我能跟造林或碳匯，這目前最夯的事連上關係？在討論的過程，往往都忽略了造林跟碳匯間，生物多樣性的議題，未能把多樣性的價值放在裡面。楊國楨老師提到，人類將面對第七次的生物大滅絕，所以想達到二〇五〇年零碳排，還必須要注意生物多樣性。不然碳排問題解決，動物滅絕速度更快時，勢必花更多能量恢復。

生物對淺山農地有依附性

二〇一二年時，尋找大田鱉（昆蟲），發現牠就住在苗栗通霄的一個特殊的埤塘裡，周邊是一些農地、埤塘共有土地約三十公頃，已成半荒廢狀態，可還有農地在經營。

二〇一三年，喜歡這環境想保護，把這三分多的地買下，目前正在耕作，周邊共裝了六台相機。從空中看，農地其實對碳匯雖幫助不大，但對野生動物滋養很多，這片森林涵養的水會形成重要的水源地、田邊田。正因為發現大田鱉，耕米叫做田鱉米。

田鱉米不但取得綠色標章，也取得友善石虎農作標章，同時是林務局里山倡議夥伴關係間的協作者，在淺山的保育對於碳匯有幫助。每年春天，灰面鵟鷹會從南方往北遷徙，有四萬多隻的灰面鵟鷹會在這過境、休息、覓食。透過遷徙路徑觀測，發現牠的遷徙跟淺山的農地有依附性。

在這個地方的監測也發現石虎，包括石虎、食蟹獴、麝香貓，都是這十年來發現的珍稀保育類野生動物。

光電進駐嚴重危害林相及生態 是目前碳匯的忽略

自二〇一九年開始，苗栗淺山地區開始有光電商進駐，二〇二〇年六月，光電公司跟當地地主簽約，租下通霄周邊約三十公頃以上的土地跟山坡地。林地已維持近四十年的林相，在管理下保持較穩定的碳匯。如果光電公司在淺山地區開始收購，對於造林、碳匯或是淺山保育都會產生衝擊。

太陽光電一公頃的價格前年租金是三十五萬，到今年一公頃升到四十萬，未來光電入駐會更多。收集資料知曉農作年收最高的杭菊或茶葉，一年一公頃約收入六十萬，其他的農產皆約十萬左右。對要出租地的小農，相對這樣的收入，以地主的角度會想租給光電公司。

光電進入淺山，將會造成棲地破碎和生物多樣性降低，導致地貌的改變，從原本的樹林變成裸露地，甚至讓流浪狗入侵，山坡地被開墾後，也會衝擊水土保持。今天點出問題來，討論造林的過程必須重視光電的入侵，對於淺山丘陵的造林政策、淺山碳匯功能有危害，**討論光電美好的未來、綠能的未來，是碳匯的未來的一直忽略的事。**

篇五　重視氣候正義　建立全民團隊

主持人　李桃生
（前林務局長）

”到底要種一桶金，還是種一場繽紛生命的夢。假如是後者，就會發現經濟以外的社會環境效益。“

台灣應務實的面對：第一點，碳匯不等於碳權，這中間最少要以五十年的尺度、視野規劃。第二點，這部分涉及複雜的科學，希望對碳權、碳匯的計算方法學，研究後能有簡明的公式，讓森林所有人或人民能夠接受、使用。第三點，原住民的林業應給予特殊的評價，假設從部落出發觀賞部落文化，再走到他的農地、農牧用地，人工林、傳統領域土地等，已有里山倡議精神。

我們可種更好的樹種，讓它跟周邊的農業、林業用地串聯，這樣立體的林業尺度更大，期望有企業能經營這塊農業、原住民林業。第四點，談原住民林業時，不能忽略碳匯、碳權跟原住民間的關係，**倘若原住民有機會能在傳統的土地做經營管理，能不能有氣候正義下的氣候補貼。**

到底要種一桶金，還是種一場繽紛生命的夢。假如是後者，就會發現經濟以外的社會環境效益，倘若如此能夠成功，要不要給林農森林生態補償？假如是國家，國家要給他補貼，假如是受益的一方，那就要拿出錢給國家，國家再補貼，國家或社會應當重視森林生態補償的觀念。

綜合討論

莊老達（農委會氣候變遷調適及淨零排放專案辦公室執行長、企劃處處長）

在做跟森林有關的事誼，大家在意植樹、造林後產生的碳匯，轉成碳權和造林或國產材，獲得經濟的效益。實際上經濟效益是其次，經濟是所有效益裡最小的。碳權在發展中，這事有點複雜，包括成本高，**農委會想辦法有自己的驗證單位、輔導團隊，要讓碳匯或減量的量轉換成碳權時，中間成本下降**。否則附加效應沒法回饋到實際操作者，包括李局長講的原住民權利。把這些成本降下來，才會讓更多人參與、獲利，獲益的是全民。

柳婉郁（中興大學森林系特聘教授）

呼應李局長提到原住民問題，能不能把自然碳匯的價值貨幣化？原住民的居住區域，大部分土地是受限的。造成收入降低，多數來自於政府的補貼。以原住民的角度，收入來自兩部分，一是市場價值，伐木或竹子的收入。二是來自於環境的效益，能不能獲得貨幣化收入。

企業現非常重視 ESG，Environment 和 Social，這個E環境要怎麼做？**企業成立部門甚至**

專責單位，貢獻企業的力量在社會效或環境效益上，如可透過政策，讓企業能投入資金到原住民的自然碳匯，是很好的平臺。

ESG 花很多錢，對公司有沒有好處？報告指出，就一樣資質的公司它的股價比較高，淨值也會較高，環境的效益也能寫進永續發展報告。碳權議題前，很多公司早就種樹，甚至是認養森林、植樹造林。像日月光的森林發現有特別的保育類動物，立刻開始調查保育類動物的生態價值，我很好奇為什麼要計算？後來才知是客戶要求，客戶希望在永續發展報告能呈現它投入錢，得到什麼貨幣化價值，雖沒有市場價格，但有生態價值。原住民的議題，提供不只林業，甚至是環境價值、生物多樣性，希望政府在供給跟需求有好的媒合平臺。

張廣智（水利署副總工程司）

代表水利署補充，賴署長報告水利署負責的態度，配合國土計畫轉型，工程不再是重點，而是調和土地，朝生態保育、森林復育努力做淨零減碳。揭露在工程減碳的作法，是在座的工務組跟土地組同仁自行規劃作業的，為何要對外宣誓，因這是揭露，沒照揭露做，一切都是假的，水利署透過這研討會，展現做工程減碳的決心。

第二，在推動過程裡，我們發現種樹很難，雖然種了三百一十八萬棵樹，可是這些樹有些長得好、有的長得不好、長的地點不對等等。種樹要成本，將來經營維護怎麼做永續？**我們配合林務局，試著做專案抵換，希望建立以科學為本的方法學，讓水利署種的每棵樹可計算。將來融入到工程裡，而不是去做碳交易。**

最重要的是大家都知道森林是水的故鄉，沒有森林就沒有水源。問題是森林通過這個方法學之後，雖然可以算出碳排、碳排係數，即便到一一二年也不過種一千公頃的樹，如以一千公頃兩千棵樹換算，一公頃也不過只有十噸的碳排放量，重點不在量，透過認真揭露、方法論證、學習過程，希望創造新的水利價值，價值在環境、保育、永續。

邱祈榮（臺灣大學森林系副教授）

全世界宣誓淨零排放，就看國家清冊報告。台灣在推淨零轉型，遵約機制，遵約機制如以CDM 方法看清冊，透過額度、管制措施降下來仍不足，才會去買達到國家的減量目標。現在巴黎協定，用 NDC 國家自定貢獻，台灣溫管法也是跟隨這精神。**現在 NDC 跟清冊能不能有關聯？就要表現減量能不能達到，所屬單位也要講工程、行政機關的減量目標是什麼？這些組織都不淨零，經濟部不可能淨零，國家也不可能淨零。**

提醒各機關，企業是否能有額度申請？這是抵換專案，如部門已被分配要淨零，就沒有額度拿出來賣。現階段是過渡時期，全臺碳匯已經算在國家溫室氣體排放清冊，問題是原住民的地、私有地還有台糖地都被算在其中，林務局應是統籌單位，要從清冊的計算過程及它的組成解決問題。

林俊成（農委會林業試驗所研究員兼主任秘書）

森林碳匯主要為了未來的碳權，可能把森林碳匯的用途窄化。**森林碳匯交易的前提是以企業或是國家，本身先做好減量努力，減了仍不夠才有交易，並不是種樹為碳權買賣**，要先把森林碳匯的用途定義出來。

要得到碳匯？森林要經營。好處除碳匯有生物多樣性，還有李局長的原住民效益。除國家外，企業或部門的氣候行動、相關的管制方案的措施，都跟森林碳匯有關。碳匯不要變成僅是碳交易，除國家清冊、自主行動、企業的 ESG 等都是該做的。國際上最早期講到碳揭露，再近一點講到氣候揭露，講自然財務揭露，在思考邏輯上不是把碳當成唯一的揭露來源。自然揭露，未來水利署的工程施作對生態減額、對生物多樣性的影響有正面的幫助，這樣的思考、發想，能引伸很多作為、產品出來。

森林碳匯專利要多少時間？規則要先註冊，註冊後再去做額度申請。過程中要寫抵換專案活動設計書，經第三方驗證再送環保署註冊，碳權要看額度取得的時間，要五年或是二十年拿一次額度。以森林碳匯申請，目前知道水利署的三個案子，期待其示範性。至於保護區怎麼量化評估，目前國際或國內抵換專案，主要隨清潔發展機制思維做後續政策推估。清潔發展機制，只在乎造林再造林，並沒考慮森林經營。建議未來環保署推抵換，把面向擴大，造就更多森林經營的可能。

結語

蔡玲儀（環保署環境衛生及毒物管理處處長、環保署氣候變遷辦公室主任）

森林在面對氣候變遷、對抗氣候變遷，扮演的角色太重要。今天談論很多有關碳匯或是提供減碳誘因的部分，涉及到行政上包括方法學或是註冊需要的、相關的成本等，環保署正在修法，我們願意把行政簡化。更重要的是怎麼合理計算它的效益。

森林保育不是只有價化，更重要的是在生物多樣性跟環境永續發展，它攸關這片土地上的人，包括原住民、社區的發展。在二〇五〇淨零路徑的規劃上，現有十二個關鍵戰略正在推動，其中自然碳匯，它不是只有減碳，也是對抗氣候變遷的調適，在環境永續發展是重要的連結。余董事長在永續發展上，長期參與，扮演重要角色。研討會有很多啟發跟想法，希望對整個環境永續發展跟氣候變遷有較深刻思考，然後我們要行動。

余範英（余紀忠文教基金會董事長）

今天桃生講大概要五十年消化，在科學上或是經營上要學習，才能比較完整的交棒。但也聽到有人比較急，我們尚不是聯合國締約國，身為全球成員，無論是因應外貿的環境、聯合國的氣候公約，要馬上加入行動。**在減量和調適上，現在多依靠國外認證，我們要扶植自己團隊，要加速自然碳匯、尊重生物多樣性、氣候正義**。不能急就章，但也不能等五十年。農委會要加油帶頭做，綠電有壓力，但是否能連結國土規劃？蔡處長整合推動鍥而不捨，各單位、每個人都是其中一份子，環境好壞人人有責，以踏實的態度前進。

後記

劉彥彤（余紀忠文教基金會研究企劃）

在這本書彙整過程中，深刻體悟到氣候變遷對人類社會、生態環境以及經濟發展的深遠影響。然而，我也看到了許多人、組織和政府努力為了減緩氣候變遷所做出的努力和改變。在這個過程中，從許多專家、學者和公部門那裡學到很多知識和見解，更深深感受到這些人對於永續發展的熱忱和奉獻精神。在余紀忠文教基金會的學習過程中，更學習到很多，並且這個過程也深化了我的對永續發展的認識。

有幸能夠與水利署到嘉義魚寮觀看植樹減碳、與北水局現勘石門水庫……等。追隨基金會與林務局老友重勘和九二一地震當年合作鄉間夥伴一起前往南投觀看造林成果，中寮和興村茂密的三十多萬棵樹，感受大自然的美麗與生命力，享受綠色故鄉的環繞。並深知了解永續森林需管理與要保育。隨著這些走過的足跡，為推動國家政策的使命感應紮下專業的根基，點滴在心頭。也深知因應氣候變遷牽涉議題面廣，到水資源永續、城鄉發展、農地問題、糧食生產、國土安全等等，皆環環相扣。在嚴峻的氣候變遷壓力下推動減碳議題，參與各項活動、觀察不同面向的問題。在這個過程中，環保署、水利署、林務局的老夥伴還有所有參與活動的專家學者們，為減緩氣候變遷而鞠躬盡瘁，感謝他們對環境保護所做出的努力。

現今，氣候變遷等問題仍然十分嚴峻。自然災害時常發生，不斷提醒我們要深入思考和謙遜，了解氣候變遷所牽涉到的議題，應該怎樣堅信永續發展的思維，去因應這些已存在的問題。不僅要追求生產效率，還要兼顧生態和人民的生活。希望這本輯結整理能帶來正面的投入，及時關注永續發展和減碳議題，是時候為我們的地球和未來而努力。期望每個人在推動公共事務的道路上成為助力。深入關注我們的水土林，為永續作貢獻。

余紀忠文教基金會叢書62

水土林：氣候變遷因應追蹤

作　　者：余紀忠文教基金會
策　　畫：余範英、邱文彥
執行編輯：劉彥彤、謝翠鈺
封面設計：林采薇、楊珮琪
美術編輯：SHRTING WU、趙小芳
出 版 者：財團法人余紀忠文教基金會
地　　址：臺北市大理街一三二號
專　　線：〇二二三〇六五二九七
初版一刷：二〇二三年五月十二日
定　　價：新臺幣四二〇元